U0165800

蔡翠敏
博士
著

自癒系抗老專家
簡單純淨系保養品牌La Cara商品研發顧問
PayEasy美麗留言板達人文章專欄

Chapter 1 駐顏有術

Chapter 2 全方位保養

Chapter 3 全面抗老

Chapter 4 成分地圖

本書的使用方法

主角介紹

書中主角元氣妞、美勝女和淡定媽，分別代表了三個不同世代的女性，她們擁有不同的生活方式、身心靈狀態和肌膚的困擾，請妳從她們的故事中找尋自己的身影吧！

查一查，從妳最想先知道的開始？

第1-2章的保養主題，含括了基礎、進階及各面相的保養議題，藉由姐妹們的生活對話，找出發生在妳我生活中常見的保養迷思，本書提出77個小問題，並由Dr. Tsai 為妳做煩惱解析。

Dr. Tsai

全面抗老

三個世代女性的自白，在自己所處的情況中，透過摸索與嘗試，漸漸找到適合自己的保養方式，並在保養的過程中獲得更多的自信與美麗。

成分地圖

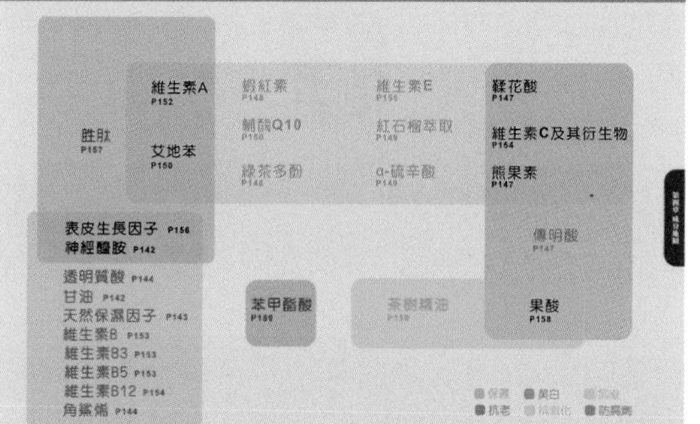

想認識手中保養品內成分的身家背景嗎？不同色塊表各成分的功效類別，快來檢索查詢，讓妳選對保養品，發揮最大保養功效！

25 age 元氣妞

作息不正常，熬夜、晚起；依賴網路、手機及電腦；飲食不正常，戶外活動多，習慣化大濃妝

膚況：混合偏油性膚質，膚色不均、毛孔粗大

35 age
美勝女

未婚、想婚，工作壓力大，應酬多、暴飲暴食；代謝循環降低、習慣一般的上班妝

膚況：乾性膚質，黑斑多、細紋多

45 age
淡定媽

家庭和孩子為生活重心，經濟穩定、心境圓融；身體狀況一般，三餐正常，僅保濕防曬，很少化妝

膚況：乾性膚質，容易敏感、明顯法令紋

Chapter 1
駐顏有術

第一章 駐顏有術

美麗的外表，是大家都希望能夠擁有的，該用什麼方式維持美麗？相信這是所有愛美女性共同關切的話題。簡單來說，肌膚的保養可分為基礎保養及特殊保養，從清潔、保濕到防曬，再從美白、淡斑到抗老等，依據不同目的及膚質，保養方式也有所不同。然而在這個資訊發達的世代，各種肌膚保養的方式及偏方四處流傳，可能聽了網友的分享，或者被廣告或電視節目所吸引，心動的嘗試後卻發現一點功效也沒有！為了找到適合自己的『自慢』保養術，請跟著我們一起進入這個章節，帶領妳了解正確的肌膚保養之道。

Dr. Tsai

具有專業的藥學研究背景，將藥品開發的經驗應用在保養品研究上，博士以簡約及安全的方式解答保養中將遇的小問題，現在就跟著博士一起解析三個女人的對話吧!

COFFEE

1. 你真的會洗臉嗎？

化妝是一種禮貌，
所以我才不敢素顏見人呢！
但是回家卸妝真的超浪費
時間...有時候懶得卸妝
就睡了！

天啊...怎麼可以不卸妝！
妳妝化那麼濃，當然要花很多時間
卸啊！！像我化淡妝，也還是會卸
妝啊！！

解析

清潔功夫不能省，尤其清潔卸妝產品這麼多，並不是盲目的一瓶接著一瓶用，以為用越多越好，而是應該依照個人的化妝習慣及膚質來選擇清潔方式。就像元氣妞習慣全臉大濃妝，一定要先就重點部位(例如眼唇)加強清潔，再全臉卸妝，最後再進行一道洗臉工作才算完成！若跟淡定媽一樣，只習慣簡單的擦上防曬隔離，就只需進行全臉的卸妝後再洗臉即可。

膚質不同，清潔方式是否也不同呢？

不論妳是哪種膚質，溫和的清潔肌膚都是基礎保養的第一步，需依照個人膚質來做選擇，例如油性膚質的人，不宜用太油的產品，因為會讓肌膚有油膩感或出油致痘；乾性膚質的人，由於肌膚表面的油脂在清潔後被大量清除，因而容易有乾燥緊繃的感覺，需立即給予保養品保濕。

膚 質	產品屬性	CHECK
油性肌膚	清爽型產品	**OK**
乾性肌膚	保濕型產品	**OK**
	清潔力太強	**NG**
	含酒精成分	**NG**

每天可以洗臉幾次？

肌膚每天都會分泌油脂，這些油脂能成為保護皮膚的皮脂膜，如果一味的過度清潔，亦可能降低皮脂膜的功能，讓水分過度散失及失去保護肌膚的能力。清潔肌膚的工作需適度適量，次數需視個人膚質及春夏秋冬不同季節而異。

肌膚類型	每日洗臉頻率	季節需注意
油性肌膚	**2-3**次	◆冬季時，肌膚水分與油脂容易不足，因此洗臉頻率應盡量不超過其肌膚類型的標準次數，以保持肌膚滋潤。 ◆夏季的臉部油脂分泌較旺盛，可依照分泌情形增加洗臉次數。
乾性肌膚	**1-2**次	
敏感性肌膚	**1-2**次	

Q&A 3

是否要泡泡多又綿密細緻，才能把臉洗乾淨？

清潔度與泡泡多寡或綿密細緻不一定有關，應該是跟清潔劑成分的種類有關，有些產品能夠產生許多泡泡是因為含有較強的界面活性劑，這些界面活形劑可能對肌膚造成傷害！但是如果是相同的清潔成分，泡泡越多越細，表示較容易帶走髒污和容易清洗；市面上目前已有許多產品藉由瓶器壓頭的特殊設計，可以產生較細緻綿密的泡泡，用來提升產品的清潔效果。

Dr. Tsai 小提醒

細緻的泡泡因接觸面積大，可提高清潔效果，同時也較容易以清水沖洗乾淨，如果泡泡多是因為含有強效的「界面活性劑」成分，可就不好囉！

聽說用冷水洗臉可以收縮毛孔，讓皮膚更加細緻？

冷水好還是熱水好？網路上眾說紛紜，其實溫和的溫度對肌膚最好，過於熱及冷的溫度皆容易造成敏感和刺激。如果是油性膚質或油脂分泌較旺盛時，可使用溫水讓毛孔打開有效清除髒污，之後再以冷水沖洗達到收斂效果。

Dr. Tsai
小提醒

太冷或太熱的水都不好，還是溫和最接近人體體溫的溫水最適合！

Q&A 5

肌膚發紅及敏感時要如何清潔？

愛護肌膚的最高原則就是：當肌膚出現任何不正常現象，例如發紅過敏，就要盡量不化妝。在肌膚脆弱的時候，建議以溫偏冷的水洗臉，不使用清潔力強、偏酸或含酒精的產品，也不要過度的去角質，才能避免肌膚二次受傷喔！

Dr. Tsai
小提醒

用對方法洗臉，才可以維持肌膚潔淨與清爽。但是如果妳有使用隔離、防曬或化妝，正確卸妝可是馬虎不得的！

卸妝棉、卸妝凝膠、卸妝露、卸妝乳及卸妝油怎麼選？

卸妝產品的選擇可分為「含油量多寡」及「卸妝力」二大類來區分。含油量高的產品，主要是藉由油脂來溶解彩妝，進而達到卸妝的功效，卸妝後需要以清水沖洗乾淨，再以洗面乳清潔。油性肌膚的人要特別注意，在選擇卸妝產品時，盡量選擇含油量較少的產品，以避免肌膚產生粉刺或面皰的發生。

若以「卸妝力」來選擇，可分為具有或不具有清潔力的界面活性劑兩大類，不含界面活性劑的產品卸妝時較不刺激，但使用後最好還是搭配清潔產品才能將殘留的油去除；如果是含有具清潔力的界面活性劑，例如：卸妝油，則可以在卸妝後，以清水混合乳化再用大量清水沖洗乾淨即可。

卸妝產品分類	產品屬性	建議
含油量	卸妝油 卸妝乳 卸妝凝膠／露 卸妝水	油性膚質宜選少油產品
卸妝力	具清潔力的界面活性劑	高刺激
	不具清潔力的界面活性劑	低刺激

Dr. Tsai 小提醒

建議不管有無界面活性劑，卸妝後還是以洗面產品進行清潔，才能讓肌膚真正的潔淨。

沒有化妝時需不需要卸妝？

如果完全沒有化妝及任何的隔離防曬，臉部的清潔工作以洗面乳即可。大部分的人比較有疑惑的應該是「如果臉上只有簡單的一層隔離霜，需要卸妝嗎？」其實就算只有簡單的隔離和防曬，還是需要卸妝喔！只是在卸妝產品的選擇上，使用卸妝力較弱的產品即可，例如卸妝水、卸妝凝露等，這一類型的產品再搭配洗面乳清潔，還給肌膚潔淨感。化濃妝的肌膚，當然是需要按照正常的卸妝清潔步驟來保養肌膚啦！

妝　感	卸妝產品
 淡妝(只擦隔離或防曬)	卸妝力足夠的卸妝產品 例如：卸妝液、卸妝凝膠、卸妝凝露等
 濃妝(睫毛膏眼影等全妝)	卸妝油或卸妝力較強的產品 例如：卸妝油

Q&A 8

免沖洗的清潔產品是否真的不需沖洗？

許多市售產品標示可不用水洗，像是便利好用的卸妝水或卸妝棉，這些產品通常不含油脂，所以多是利用界面活性劑來達到卸妝作用，若長期使用，可能會對肌膚造成嚴重刺激及傷害，不建議太頻繁的使用。

Dr. Tsai
小提醒

免沖洗清潔產品，若不能確定產品是否含有刺激成分，還是在出外旅行等特殊情況使用就好！

是先洗臉還是先去角質？

使用方法必須依據去角質產品的類型而定。磨砂膏類的去角質產品主要利用物理性磨擦的方式去除老廢的角質，因此若臉部肌膚有彩妝殘留或是髒汙物質較多，就可能在使用的過程中讓這些彩妝顆粒或髒汙推進皮膚，容易造成過敏或刺激發炎，因此這類的去角質產品建議要在卸妝及初步清潔肌膚後再使用。有些去角質產品因為已同時具有深層清潔的功效，因此可以直接做為清潔的步驟。

Dr. Tsai 小提醒

如果妳還是不知道如何判斷，先洗臉再去角質是較保險的作法喔!

Q&A 10

去角質產品一定有屑屑或是顆粒，才有用嗎？

去角質產品的種類主要分為物理性與化學性兩種。市面上常見具有顆粒或是可搓出屑屑的產品，大多為「物理性」去角質產品，這類型的產品主要是藉由顆粒的摩擦去除老廢角質，使用上需注意力道的拿捏，不可過度搓揉，不當的使用可能會拉扯或傷害肌膚，容易有細紋或傷口的產生；另外也有「化學性」的方式，利用化學成分的特性加速角質層代謝達到去角質的功效，最常見的為酵素或果酸類產品。

Dr. Tsai
小提醒

去角質不一定要產生屑屑或顆粒才具有功效喔！要依照妳選用的產品性質來作判斷。

2. 保濕永遠不夠

解析

保濕工作必須是全年無休的，不管妳是年輕或熟齡肌膚都需要做到喔！像是元氣妞，肌膚健康程度佳、可選擇清爽的保濕產品。而美勝女正值初老現象開始出現，肌膚容易乾燥、已出現細紋，適合選用滋潤型的保濕產品。

一定要擦化妝水嗎？

使用化妝水滋潤肌膚，只能夠暫時滋潤及補水，後續還是需要加入保濕美容液才能夠保住肌膚內的水分。而化妝水是不是一定要用？還是要依據你的使用習慣或產品的屬性而定，因化妝水主要成分是水或酒精，有些人將化妝水當成平衡pH值及補水的工具，有些人則以其作為二次清潔的工具。

Q&A 2

油性肌膚是否也要保濕？

不論是哪一種肌膚類型，都需要做好保濕工作喔！但要依據不同的肌膚類型，選擇適合的保濕產品。許多人認為保濕產品中的主成分是油脂，以為油性肌膚已經含有很多油脂了，所以不需要再使用保濕產品，這樣的觀念真是大錯特錯！油性肌膚的人仍然要保濕，可選擇油脂含量少的產品，像是精華液、凝膠等。成分的選擇建議含有活性天然聚合物-玻尿酸**(P144)**、黏多醣、膠原蛋白，年輕的族群也適合使用天然保濕因子**(P143)**，熟齡肌膚則可考慮選用含神經醯胺**(P142)**成分的產品。

H_2O

失去水分的肌膚

使用保濕產品
肌膚保有水分

Q&A 3

精華液使用後還需要擦乳液嗎？

這個保養步驟還是要依據自己的肌膚狀況作調整，有些人肌膚乾燥的狀況嚴重，用了精華液後肌膚還是非常乾，因此必須要搭配乳液使用；而有些人只使用保濕精華液就足夠了，所以請依照自己肌膚的狀況作調整喔！

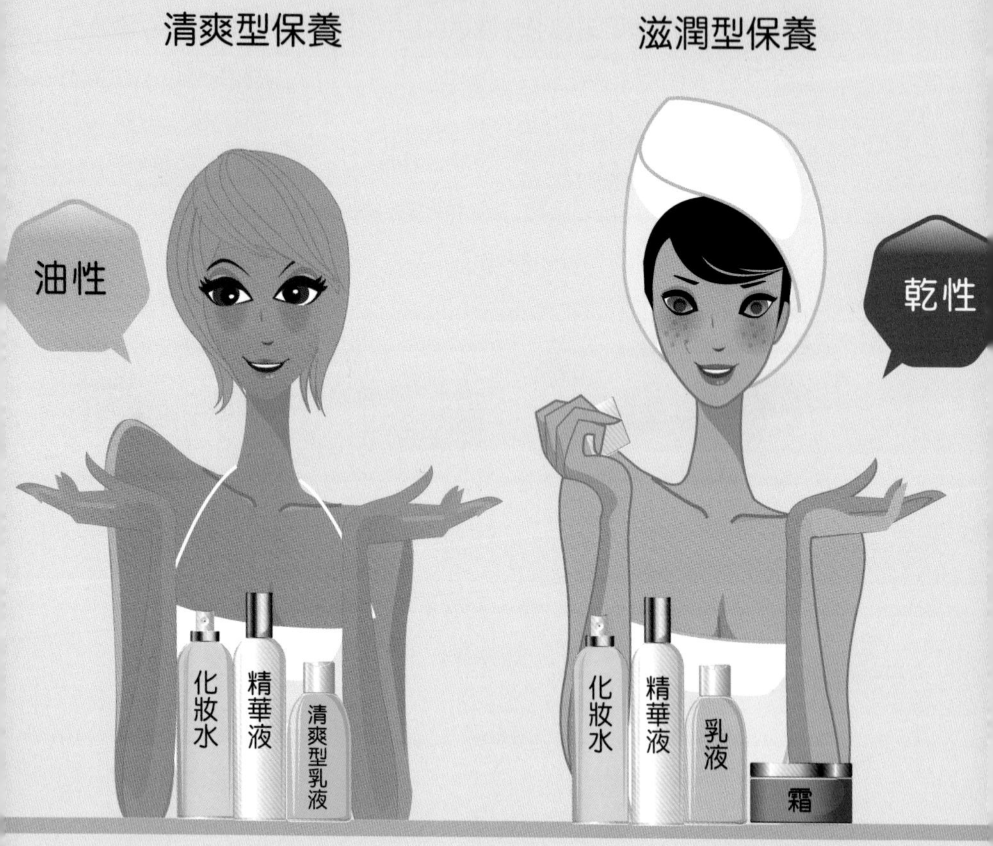

清爽型保養

滋潤型保養

油性

乾性

化妝水

精華液

清爽型乳液

化妝水

精華液

乳液

霜

使用面膜後是否還需要保養和清潔？

依據面膜的類型及功效不同，後續的保養步驟也會有所不同喔！

「撕拉型」面膜：敷於臉上乾後形成一層薄膜，以撕拉方式帶走毛孔中的髒污及老廢角質。

「泥狀型」面膜：對肌膚也具有清潔作用，多含有軟化角質、清除粉刺及吸油的功效，但需以水洗再次清潔，並完成後續保養。

「一次丟棄型」面膜：是大家最常用，多含有保濕、美白等功效性成分，如果沒有特別說明，則不具有深層清潔的作用，一般來說不必再用清水沖洗。若臉上的保濕及滋潤效果足夠，即可不必再進行保養囉！

撕拉型面膜

➤ 沖洗 ➤ 保養

泥狀型面膜

➤ 沖洗 ➤ 保養

一次丟棄型

➤ 沖洗／不沖洗 ➤ 無論有無沖洗，只要肌膚感覺乾燥，即必須進行保養程序。

T字部位會出油，但兩頰很乾，我該怎麼選擇保濕產品？

其實大多數人的肌膚，每一個部位的膚況都不太一樣，因此「分區保養」的觀念很重要。T字較容易出油的區域，用油脂含量低的保濕產品，並搭配使用含有酸類或控油的產品，而兩頰乾燥肌則使用滋潤度高的保濕產品，只要做好分區保養即可大幅改善肌膚的狀況。

分區保養

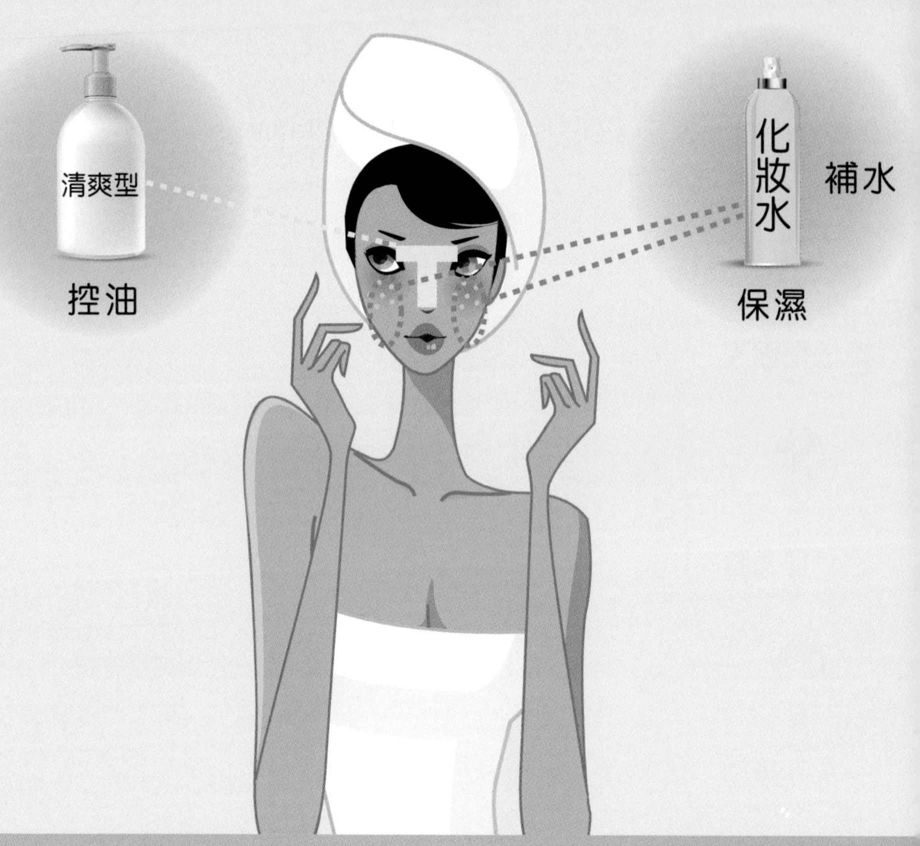

Q&A 6

保濕噴霧真的能立即補水嗎？

市面上有許多保濕噴霧產品，標榜能夠立即補充肌膚水分，其實保濕噴霧中絕大多數的成分為水，若添加過多的保濕成分，可能無法產生細緻的噴霧，因此噴霧型產品中的保濕成分含量其實很有限。所以使用此類型的產品後，最好還是補充美容液鎖住水分。

一味地使用噴霧將水往臉上噴，不見得會有預期的保濕效果，最好的方法是，正確的使用「保濕產品」並適時補充飲水。

喝水是喝越多越好嗎？

廣告台詞這麼說：「沒事多喝水，多喝水沒事。」攝取水分是一件非常重要的事情，能幫助身體及肌膚獲得養分，醫生建議成人一天的喝水量需達2000c.c.，但是水分的補充必須依個人的年齡及身體狀況來調整喔！

3. 趕走橘子臉、擊退草莓鼻

好煩喔！
我的鼻頭粉刺真
是頑固到不行，
一直出油，毛孔
越來越大...

解析

使用妙鼻貼產品來清除粉刺要非常小心！我們要先從妙鼻貼拔粉刺的原理說起，妙鼻貼是利用貼布上的黏著劑來抓住粉刺，往往粉刺拔了肌膚也受傷了，有些人甚至還會紅腫過敏。像這樣子強硬的方式拔除粉刺，是不能太頻繁使用的，雖然粉刺可以立即黏著在妙鼻貼上，看起來相當有成就感，但是也可能會刺激毛囊弄傷肌膚，反而讓毛孔變的更粗大，因此都必需謹慎小心地使用，而且不是每個人都適用。

喂！搞不清楚狀況千萬不可以亂貼喔，胡亂拉扯皮膚，可能會惡化毛孔粗大的問題呢！

粉刺到底是什麼？為什麼永遠擺脫不掉？

粉刺其實是我們身體正常的代謝產物，不論是何種膚質的人，都一定會產生粉刺，粉刺是由老廢角質、油脂、髒污及細菌組成。當皮膚的毛孔發生過度角化，或是皮脂腺分泌過度旺盛，導致毛囊及皮脂腺的阻塞而形成了粉刺，嚴重時可能會有紅腫發炎的現象。要擺脫粉刺的困擾，最重要的是維持肌膚清潔，定期幫助角質代謝，同時搭配正常的生活作息，粉刺的困擾就可以降到最低囉！

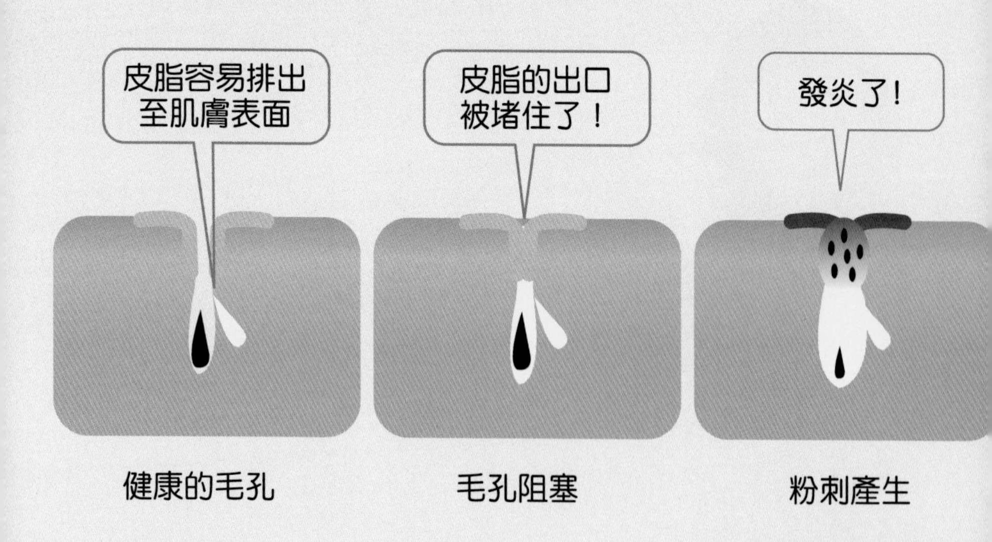

Q&A 2

為什麼有黑頭又有白頭粉刺呢？

黑白頭粉刺與毛囊對外開口大小有關。當開口小時，視覺上所呈現的只是皮膚外觀上的白色小隆起，即為白頭粉刺；當開口大時，粉刺內的組成物質因為接觸到空氣而氧化形成黑色物質，即是我們所看見的黑頭粉刺。

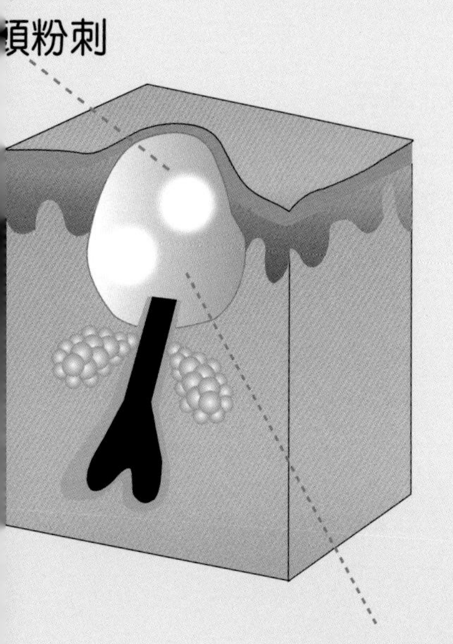

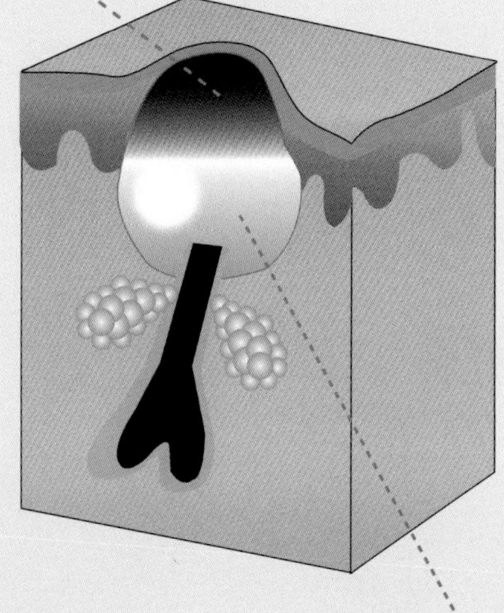

Q&A 3

是先有粉刺才會有痘痘嗎？

了解痘痘的成因，自然就會明白粉刺與痘痘的關係了。痘痘又稱為「痤瘡」，痤瘡是由痤瘡桿菌所引發的，而這一種細菌非常討厭氧氣，接觸到氧氣時便無法生存，所以保持肌膚清潔及角質代謝正常，毛囊健康不堵塞，細菌就無法快樂生存在毛囊內。所以，粉刺可以說是某部分類型痘痘的前身，當毛孔健康無粉刺，痘痘產生的機率也會降低喔！

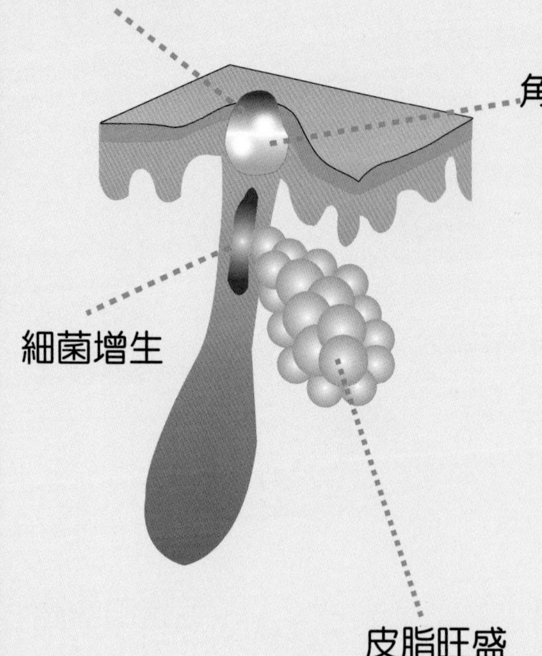

Dr. Tsai 小提醒

粉刺沒管理好，嚴重則會發炎及產生痘痘!

我可以擠粉刺跟痘痘嗎？

痘痘及粉刺真是讓人難以不去摳它擠它，但是千萬不能亂擠喔！相信每個人都曾經有擠過或摳過粉刺痘痘的經驗，情況可能沒有改善，還因此產生傷口、凹洞或難看的色素沉澱，毛孔也因此越來越大。當我們隨意擠壓痘痘，會造成患部不規則的破裂，影響肌膚的癒合，容易留下疤痕及色素沉澱；也可能因為擠壓過程中，器具或是手部的髒污讓發炎的部位擴大或更加嚴重喔！所以痘痘及粉刺不能亂擠，若是真要處理難以忍受的痘痘，務必注意清潔並且不過度壓迫，必要時，還是需要尋求醫師及專業人士的幫忙喔！

Dr. Tsai 小提醒

若臉上或身體其他部位長了痘痘，記住千萬不要碰!!

正在發炎的痘痘我該如何保養？

若妳的肌膚目前還有正在發炎的痘痘，建議妳盡量選擇溫和的產品，同時保持肌膚清爽，適時搭配使用控油、含果酸類及抗痘成分的產品；避免使用去角質產品，尤其是物理性的方法，倘若過度摩擦反而會讓肌膚毛囊受傷，如果產生嚴重的發炎問題，一定要立即就診哦!

Q&A 6

為什麼我的毛孔這麼粗大？

造成毛孔粗大主要有兩種原因，其一與油脂分泌有關，其二與肌膚老化所引起的肌膚鬆弛有關。一般人在鼻子及二頰處容易發現明顯的毛孔，因為這兩個部位本身的皮脂線多，較易因皮膚旺盛造成毛孔堵塞及粗大，這也是油性膚質的人比乾性膚質的人毛孔較粗大的原因。然而肌膚老化所造成的毛孔粗大，主要是因為肌膚內膠原蛋白含量逐漸變少，肌膚失去彈性而鬆弛，因而形成如淚滴狀的毛孔。因此毛孔粗大是妳我都免不了的困擾，如果我們用放大鏡檢視它，不論是多麼細微的毛孔都會讓自己恐慌，正確的保養觀念才是智慧的表現喔！

毛孔外觀	毛孔類型	對　策
	擴張型	抑制皮脂分泌、收斂毛孔
	下垂型	強化保濕及修護

粉刺、痘痘跟毛孔粗大怎麼辦？

肌膚根本的保養之道，應該是保持肌膚清潔、健康的飲食、適當的運動及生活作息正常。而最常用來改善粉刺、痘痘跟毛孔粗大等問題，為幫助老廢角質代謝、溶解毛孔中堆積的粉刺、抗菌減少發炎、促進肌膚再生及抗氧化的方式，這些處理對策請參考下表：

對策類型	方　　法
角質代謝	能軟化老廢角質，幫助角質代謝正常，預防粉刺痘痘，常見的成分為果酸**(P158)**、乳酸、胺基酸、植酸、酵素（木瓜酵素/鳳梨酵素）。
溶解粉刺	能深入毛孔，溶解毛孔中角質的栓塞，清除堆積的粉刺，如水楊酸等酸類成分。
抗菌	具抗菌作用，能減少細菌引起的發炎反應，如茶樹精油。
抗氧化	針對因老化鬆弛的毛孔粗大，可降低外來環境的刺激及傷害，常見的抗氧化成分為植物多酚、輔酶Q10**(P150)**、艾地苯**(P150)**、維生素C類**(P154)**。
肌膚再生	促進膠原蛋白增生，解決老化造成的毛孔粗大，常見的肌膚再生成分為A酸**(P152)**、生長因子**(P156)**、植物荷爾蒙。

Q&A 8

我能邊卸妝邊清粉刺嗎？

因為粉刺由老廢角質、油脂、髒汙及細菌組成，卸妝的原理，是用油或乳化劑把臉上的彩妝或毛孔中的油脂溶解後沖洗掉，外表看來似乎粉刺被帶走了一些，但實際上造成粉刺的其它因素仍然存在，若不從產生粉刺的真正原因去解決，還是徒勞無功的喔！

Q&A 9

吸油面紙有用嗎？

適時的使用吸油面紙是可以保持肌膚清爽不過於油膩，使用吸油面紙時需要注意一些小技巧，應該採用輕壓的黏貼方式，盡量避免過度的摩擦肌膚及使用頻率，不讓肌膚油脂分泌失去平衡，同時也必須注意肌膚適當的保濕，才是正確的吸油方式。

Q&A 10

我是油性肌膚該怎麼保養？

油性肌膚是臉部有過多的油脂分泌，所以學會如何控油非常重要。平日清潔後可使用收斂水，或在T字部分擦上控油產品，減少油光滿面的機會，但不可以過度使用；同時也可搭配使用含有酸類的產品，幫助肌膚角質的代謝；每週定期使用深層清潔面膜或去角質，但一星期不要超過3次，使用過程中如皮膚有輕微發紅現象要立即停用。

4. 紫外線真是無所不在耶！

解析

防曬工作做得好，從肌膚的狀態就可以看的出來喔！不管是哪個年紀的妳，防曬工作都是很重要的，要認識防曬劑及防曬係數，並有正確的防曬使用觀念才能給肌膚完整的保護喔！

到底是物理性還是化學性防曬好？

兩類防曬劑都各具有其優缺點，物理性防曬是利用防曬顆粒在肌膚表面的反射及散射紫外線來達到防曬作用，其安全性較高，但為了達到足夠的防曬效果，需使用一定的劑量，因此容易感到悶熱、視覺上呈現泛白或厚重的妝容；而化學性防曬劑利用吸收紫外線來保護肌膚，因大多為化學合成的物質，所以比較容易引起肌膚過敏。

分類	優點	缺點
物理性防曬	較安全	視覺上的妝感差(泛白、厚重感)
化學性防曬	視覺上的妝感佳	易引起肌膚敏感

Dr. Tsai 小提醒

目前市面上的防曬品多為化學及物理性兩者兼具，防曬產品的選擇，仍需依據個人的膚質及需求來決定。

Q&A 2

SPF和PA+到底是什麼意思？

SPF（Sun Protection Factor），中文稱為防曬係數。表示該防曬產品對於UVB的防曬能力指標，該係數是假設妳的肌膚不擦防曬品的時候，大約15~20分鐘皮膚會發紅，若使用SPF 30的防曬產品大概可以延長至450分鐘後皮膚才會發紅。

(此計算方式，需依照產品的標準使用劑量及厚度來塗抹)

PA（Protection grade of UVA），中文稱為UVA保護係數表示該防曬產品對於UVA的防曬能力指標，依照PA值的大小，將其分為三個等級，以「+」數區分等級，最少一個「+」，最多會有三個，因此在產品中妳會看到PA +、PA ++、PA+++三種。

防曬系數指標	紫外線的防護	防護力表示方式
SPF	UVB	數字表示 (例如：SPF30)
PA	UVA	+號表示 (例如：PA+)

Q&A 3

SPF數字越高是否代表防曬功效越佳？

有些人會覺得SPF值越高的防曬產品，防曬效果也越好，其實防曬的使用還是要因場合而異，例如妳平常上班幾乎都在室內，但是卻使用了高係數的防曬產品，紫外線阻隔率時間雖然較長，但是高係數產品的質地較濃稠，每天使用也可能造成肌膚額外的負擔。另外，防曬產品的使用必須達到一定的厚度才具有功效，所以假設妳使用SPF 50的產品薄薄一層，它的防曬效果可能低於SPF 15厚厚一層喔！

SPF 20+20=SPF40?

SPF 15+15=SPF30?

Dr. Tsai
小提醒

防曬係數不是越高越好!!
使用的劑量及厚度要夠，還需依身處的環境來選擇產品。

我在室內及辦公室還需要防曬嗎？

雖然待在室內，但紫外線還是能夠穿透玻璃進入室內喔！所以還是要適度地做好方曬工作。至於常常有人說室內的日光燈、鎢絲燈也會釋放出紫外線，其實這些燈原所釋放的劑量很低，對肌膚所造成的傷害相對地較低，原則上只要不過度曝曬，是不會對肌膚造成太大傷害的。

Dr. Tsai 小提醒

即使只是上班日，也要做好適當的防曬工作!

Q&A 5

噴霧型的防曬功效？

噴霧型的防曬產品，當然是具有防曬功效，但是每一種防曬產品的功效取決於使用者所塗抹的厚度及均勻度，而噴霧型的防曬產品質地偏向水溶液狀，因此必須大量噴灑於肌膚上才具有足夠的厚度，以發揮其防曬作用。

Dr. Tsai 小提醒

只要防曬產品的使用方法正確、劑量厚度使用足夠，即使是噴霧型的產品，也能達到好的防曬效果。

Q&A 6

只用BB霜就可以防曬嗎？

並不能給妳肯定的答案喔！目前市面上有各式各樣的BB霜，每一種強調的功能皆不同，還是要依據妳的BB霜類型來判斷，大部份的BB霜其實是具有潤色效果的乳霜，請妳確認產品外包裝是否有SPF標示或PA等的防曬功效係數，若確認妳的BB霜是具有防曬功能，才可以將此做為白天防曬的產品喔！

各式BB霜

Dr. Tsai
小 提 醒

不是所有BB霜都有防曬功能!
有標示SPF或PA的防曬係數，
才具有防曬功能喔！

防曬的使用順序要在粉底前或後？

很多人會有疑問，到底該先擦防曬還是先擦粉底？

為了讓肌膚看起來完美無瑕，我們擦粉底修飾膚色，如果我們上完粉底再擦上防曬，就會把原本粉底的修飾效果給破壞了；如果先上防曬，再擦上粉底也可能將已覆蓋好的防曬抹掉，建議在步驟上應該先擦一層均勻的防曬隔離，待肌膚完全吸收後，再使用粉底產品。

Dr. Tsai 小提醒

均勻的塗上一層足量的防曬隔離 ➤ 完全吸收 ➤ 粉底

Q&A 8

我的肌膚曬傷了，要怎麼處理？

當妳發現自己肌膚曬傷的時候，可使用含有鎮靜成分的產品，例如蘆薈膠加強保濕於曬傷部位，或是以冰敷的方式，舒緩局部的紅腫症狀。適時的塗抹保濕乳液，給予曬傷肌膚補充適當的水分，並且盡量不要再次曬到太陽，飲食上要注意多喝水、避免吃刺激辛辣的食物。

5. 我就是要白！

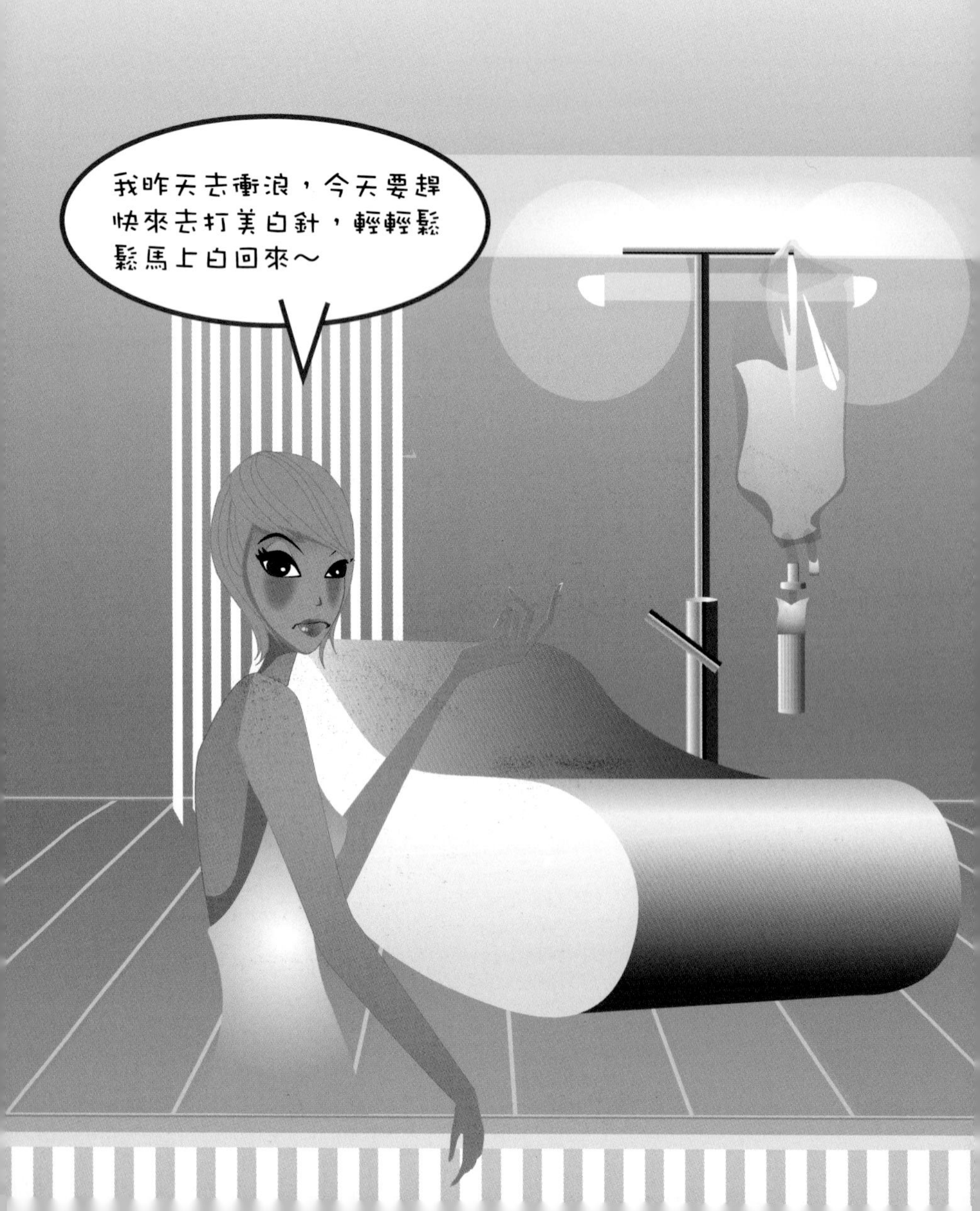

解析

大多數人都喜歡白皙的水嫩肌膚，美白工作幾乎成了亞洲女性的全民運動，美白是要持之以恆的，若不做好日常生活或戶外活動的防曬，就算打美白針也沒有用喔！

使用美白產品後是不是要避開光線？

網路上流傳著「白天使用美白產品，會越用越黑！」、「晚上敷美白面膜要關燈」。其實這些都是錯誤的觀念喔！只要使用不含有光敏劑的美白產品，並選擇合格的產品，可參考行政院衛生署規範的美白成分**(P146)**，是可以在白天安心使用的。

Dr. Tsai
小提醒

什麼是 光敏劑（photosensitizers）？

光敏劑是一種能吸收光能的物質，含有光敏劑的成分，在被適當波長的光激發後，會吸收部分能量而轉化為一連串的化學變化，因此，才會有白天禁用含光敏劑成分的說法。

敏感性肌膚的人可以使用美白產品嗎？

多數的美白有效成分較具有刺激性，因此許多敏感肌膚的人都不敢使用。其實敏感肌膚的人還是可以使用美白的產品，只是選擇上必須先了解自己的肌膚對哪些成分過敏，或是選擇特殊劑型設計的產品，例如藉由載體包覆美白成分，可降低皮膚刺激感等。

Dr. Tsai
小提醒

只要了解自己的膚況，加上選用安全的產品，肌膚較敏感的人在使用任何產品前，請先於手臂內側或是耳後做好安全測試，敏感的人還是可以美白的喔！

Q&A 3

美白的洗臉產品真的有用嗎？

美白產品的功效還是要依據所含的有效成分濃度及用途，通常洗臉產品中的有效成分濃度有限，產品停留在肌膚的時間也很短。洗臉產品的主要用途還是在清潔肌膚，若需要加強美白應該把重點放在美容液（精華液、乳液等）以及做好防曬工作。

Dr. Tsai 小提醒

洗臉的作用是清潔，不要弄錯方向囉!

美白針真的有效嗎？

近年來許多醫美診所紛紛出現了美白針療程，很多愛美的女性花了大把的鈔票，卻搞不清楚美白針到底是什麼？其實美白針主要的成分就是高濃度的維生素Ｃ以及其它的營養成分，為一複合型配方，藉由點滴注射的方式讓人體迅速吸收以達到美白肌膚的功效。然而這樣的方式雖然能夠加速人體吸收營養成分，但畢竟以侵入的方式進入人體，還是可能有副作用的疑慮，因此注射美白針之前請審慎地思考一下喔！

Dr. Tsai
小提醒

多吃富含維生素C的食物，最健康!

Q&A 5

可以居家保養果酸換膚嗎？

果酸換膚的治療是將果酸塗抹於肌膚表面，藉以軟化角質層，加速肌膚角質代謝，改善一些皮膚粗糙、角質肥厚、暗沉等現象，同時能夠幫助其他保養品的吸收。有些市售產品中含有低濃度的果酸，是可以自行在家使用；有些療程則是使用高濃度的果酸，需在醫護人員的指示下使用。不管是高或低濃度的果酸產品或治療，都需要做好防曬及保濕的工作，才能健康美麗。

Dr. Tsai
小提醒

高濃度的果酸產品，請勿自行在居家使用，還是需要詢求專科醫師的指示來進行!

Q&A 6 保養品為何需要「導入」？

肌膚的穿透吸收主要由三個途徑，角質層、毛孔和汗孔，因此保養品中的活性成分要能通過以上三種才具效用，離子型及分子較大的成分較不易通過，除了在劑型上做設計，也可用物理性的方式來加強，像是離子導入或超音波導入，幫助活性成分穿透至肌膚較深層。

活性成分分子太大卡住
無法到達肌膚深層

利用導入儀器
藉由物理性的方式
幫助活性成分穿透

Dr. Tsai 小提醒

導入有一定的效用及刺激，當肌膚有明顯傷口或是痘痘發炎時，請先停止使用。

Q&A 7

可以直接敷檸檬或小黃瓜在臉上嗎？

有時候看電視連續劇，女主角都會拿水果片貼在臉上當作肌膚的保養，大家似乎也以為這是種天然的保養方式。其實檸檬、小黃瓜這些水果的確含有豐富的維生素C，但同時也必須考慮到其他的成分，如濃度及pH值，都可能引發肌膚的過敏情況而造成刺激。所以還是不要輕易拿水果往臉上敷，以免變成花貓臉。

6. 斑斑辛酸誰人知

解析

醫學美容市場充斥著琳瑯滿目的雷射療程，強調能夠去除臉上的斑點，讓妳的肌膚淨白無瑕。但是這些雷射方式真的安全嗎？每一種肌膚的斑點都適合打雷射嗎？所以愛美的妳也要用對方法，先了解各式各樣的除斑方法，再依照自己的肌膚做正確的選擇，能夠避免花大錢卻沒有任何效果，也能保護肌膚的健康喔！

知道自己臉上是哪種斑嗎？不同種類的解決方式，皆有所不同喔！

雷射是什麼？

雷射光是一種高能量的光束，能夠在短時間內釋放出能量，對組織產生熱作用，可做為特定的破壞，並可調整單一波長的強度及時間，因此被廣泛應用於醫學。其中在皮膚的臨床使用有許多種類，例如紅寶石雷射、鉺雅克雷射、二氧化碳雷射、染料雷射、釹雅克雷射等，每一種肌膚的斑點所適合的雷射種類不同，因此在進行雷射除斑治療須先經過皮膚科醫師的診斷，再依據自己的膚質及體質選擇最適合的方式喔！

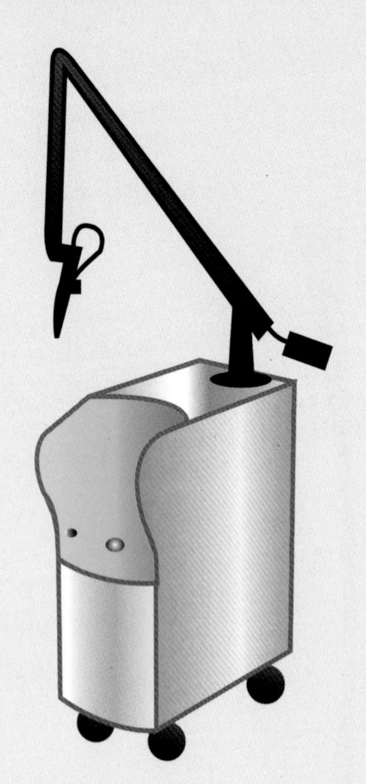

Dr. Tsai 小提醒

雷射種類相當多，並非所有人都適合，請先透過醫師諮詢充份了解後再做決定吧！

我臉上的斑是什麼斑呢？

臉上的斑點讓妳覺得很困擾嗎？首先了解妳臉上的斑點是哪一種類型，再選擇適合的除斑方法，才不會造成肌膚的負擔喔！

種類	特性	外觀
雀斑	表皮層和真皮層交界處，多半和體質有關，大多在兒童時期發生	臉有大小不等的斑點
曬斑	表皮層的基底層黑色素細胞所產生，和長期曝曬有關	臉有大小不等的斑點
發炎後色素沉澱	皮膚發炎所產生的色素沉澱，使傷口變黑	出現在皮膚受過傷的部位
咖啡牛奶斑	神經纖維瘤增多症的病灶	無特定部位、咖啡牛奶般的棕色
黑斑(肝斑)	多半婦女在懷孕後出現孕斑，與體質、內分泌有關	前額或兩頰、對稱成片的出現
老人斑	與皮膚角化和表皮層增加有關	皮膚表面突起的棕色斑點

除斑的方法該怎麼選擇？

從下列表格我們可以看到，依據不同類型的斑點，搭配使用不同的除斑方式：

類型／除斑方式	雀　斑	曬斑（老人斑）	肝　斑	發炎後色素沉澱
雷射治療法	雷射及脈衝光	雷射及脈衝光	緊膚美白光治療(加速黑色素代謝)	緊膚美白光治療(加速黑色素代謝）
護膚型治療法	1.果酸及胺基酸 2.美白導入	果酸及胺基酸	1.果酸及胺基酸 2.美白導入	1.果酸及胺基酸 2.美白導入
保養品	美白保養品(維生素C、果酸及乳酸類)及防曬	美白保養品(果酸及乳酸類)及防曬	美白保養品(維生素C、果酸及乳酸類)及防曬	美白保養品(維生素C、果酸及乳酸類)及防曬

美白產品能淡斑嗎？

很多人使用淡斑產品都有個疑惑，究竟有沒有用呢？其實美白淡斑的產品對於淡化斑點的能力，相較於雷射或是美白導入等方法，效果確實是比較低的。畢竟美白成分藉由皮膚的吸收作用，是需要花較長的時間才能看到效果！不過美白產品大多富含抗氧化活性成分，這些成分能夠維持肌膚的健康，防止肌膚受到自由基的傷害，預防肌膚老化及斑點產生。

Dr. Tsai 小提醒

光是使用美白產品還不夠，美白功夫要做足，除了全面做好防曬，還要給肌膚美白時間及耐心喔!

7. 一定要留下歲月的痕跡嗎？

解析

妳臉上的細紋、小斑點、暗沉、粗糙、鬆弛等困擾，其實就是開始老化的症狀，這些老化問題可不是一夜間形成的喔！我們的皮膚會因為積年累月的受到內外在環境影響，像是化學物質、紫外線的傷害、不同膚質、生理週期、飲食、生活作息、年齡增長等所造成的老化現象皆不同。所以要越早了解自己的肌膚，累積個人保養的良好觀念，越能及早預防延緩老化的發生，也能避免日後花更多冤枉錢在皮膚上。

市面上的抗老產品又貴又多，真的有效嗎？

抗老可真是一大學問，市面上的產品不斷推陳出新，廣告將產品創造出具有神蹟般的特效，其實抗老化是每個人難以抵擋的正常生理現象，是美麗肌膚的長期抗戰，第一步要做好防曬及保濕，再搭配常見的抗老成分。

常見的抗老成分如下：

1. 維生素A及其衍生物：歷史最悠久，最廣泛被使用，效果也最好。**(P152)**
2. 果酸：能改善老化造成的肌膚角質代謝不正常的問題。**(P158)**
3. 抗氧化劑：抗氧化劑可減少紫外線及空氣中髒污等，會造成肌膚破壞力的自由基，適當的抗氧化也可減少肌膚病變及延緩老化問題。常見的抗氧化成分為，維生素B3、B5、C、E**(P153~155)**，硫辛酸**(P149)**、輔酶Q10**(P150)**、大豆萃取物等，許多飲食中也含有良好的抗氧化物質，像是蕃茄、奇異果、綠茶等。
4. 生長因子：生長因子是體內不可缺少的功能蛋白，某些特殊的生長因子，能刺激細胞增殖和細胞分化等功能。**(P156)**
5. 胜肽：胜肽是由胺基酸所組成的蛋白質，常見的胜肽為三胜肽、五胜肽及六胜肽，主要的功效在於幫助肌膚對抗老化等現象。**(P157)**
6. 荷爾蒙、微量元素

Q&A 2

動態紋跟靜態紋有什麼不同？

靜態紋是在沒有任何表情動作下存在的紋路，像是法令紋；動態紋則是在某些表情動作下才會產生，像是擠眉弄眼或是大笑，經年累月的動態紋，還是很有可能變成靜態紋喔！

動態紋

靜態紋

Q&A 3

我的脖子怎麼出現紋路了？

隨著年齡增長膠原蛋白逐漸流失，不只是臉上出現老化，脖子也會開始出現細紋及鬆弛，因此最好在紋路還沒那麼明顯的時候就開始保養。使用精華液、乳液、乳霜等臉部保養品，可以順帶到頸部的肌膚，由下而上緩慢的按摩。

Dr. Tsai 小提醒

懂得呵護自已，力道不宜過大，順著肌肉紋理，由下往上輕輕按摩。

Q&A 4

法令紋越來越明顯怎麼辦？

法令紋是許多人煩惱的問題，要完全消除已經產生的法令紋其實是很困難的，建議平時可使用增加肌膚彈性、緊實、保濕度的產品幫助撫平法令紋；近年來流行微整形注射填補法令紋，確實是能夠明顯的改善，但仍需要諮詢專業的醫師再做治療。如果不想花大錢去做醫美微整型，在此提供一個省錢又健康的臉部運動，也能讓妳看起來更年輕喔！

Step1
吸入空氣，
整張嘴鼓得飽飽的

Step2
將左臉頰的空氣移到右臉

Step3
再將空氣從右臉移到左臉

Q&A 5 吃的膠原蛋白是否有用？

市面上琳瑯滿目的保健食品，強調可以讓肌膚變美。但愛美的妳是否曾疑惑，只要靠吃的真的就有用嗎？依據過去的科學數據認為，吃的膠原蛋白，其實大多在消化的過程中已被胃酸等消化液破壞，真正被人體吸收的量是非常少的。然而隨著科學的不斷突破，目前已有研究以膠原蛋白餵食實驗鼠，再觀察實驗鼠的肌膚保濕程度，結果發現實驗鼠的肌膚乾燥情況改善了，改善的原因及確切的機制目前尚未有明確的結果，但在功效上確實是有其成效。所以在這裡我們也無法直接斷定，膠原蛋白類的健康食品是否具有功效，原則上攝取這些食品只要以「不過量飲用、不造成身體額外的負擔」為原則就可以了喔！

食物中的膠原蛋白

膠原蛋白飲料

膠原蛋白糖果

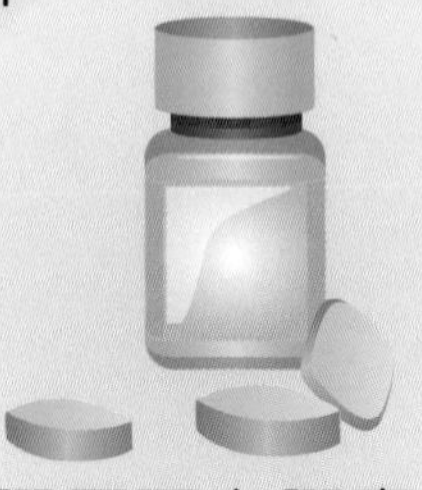

膠原蛋白膠囊

Q&A 6

瞬效除紋霜真的有用嗎？

市面上常見的瞬效除紋霜多利用以下方式：

1. 利用保濕成分提供肌膚足夠的水分，改善因角質細胞缺水造成的凹陷、粗糙及細紋的問題！
2. 利用物理方式填平紋細處，會產生立即除皺的假象。添加膠狀物質，乾掉後會形成薄膜，也有立即性的緊實效果，在視覺上細紋會變少。
3. 胜肽類的成分，常做為保養品中的有效抗老成分，有些類似肉毒桿菌素的功效，使肌肉放鬆有效改善已形成的細紋。另一些具有促進膠原蛋白、彈力纖維增生，可提高肌膚含水量、撫平細紋等功能。胜肽的種類及功能各不同，可參考本書第四章「成分地圖」**(P138)**。

Dr. Tsai 小提醒

形成皺紋的原因有很多，應該針對產生的原因去改善及做足保濕工作，才是正確的方向。

8. 打造勾魂電眼

解析

想當夜貓族，就要付出美麗及健康的代價。在熬夜狂歡後隔天一定會出現熊貓眼，對年輕人來說，雖然新陳代謝及恢復力各方面都很好，但是長期累積之下，不只是會出現討人厭的熊貓眼，還會有肌膚老化的各種現象發生喔！而其中黑眼圈的成因及類型皆不同，要徹底的了解真正形成的原因與其差異，才能有效正確的預防及保養！

我是那種類型的黑眼圈？

想要遠離黑眼圈，首先了解其成因類型及因應對策，最重要的還是健康的生活與充足的睡眠。

類 型	青眼圈型	黑眼圈型	褐眼圈型
臉部圖片			
成 因	因靜脈血流不佳-造成眼周血液循環差，透過眼皮外觀看來呈現瘀青色，常見於過敏體質或是手腳冰冷的人。	肌膚凹陷鬆弛浮腫，是一種年齡造成的老化現象，下眼皮膚鬆弛凹陷而產生的陰影，會讓眼部看起來一片黑黑的。	眼周長出的小斑點聚集及暗沉引起，而造成褐色暗沉的外觀。
對 策	改善手腳冷的問題，以溫敷或按摩方式促進眼周血流液環。	改善鬆弛，高效的眼部護理產品。	針對班點部位，使用美白產品。

我們也可以搭配眼部按摩手法，改善眼周血液循環的問題，因為眼周肌膚較為柔嫩，要用指腹貼合著眼球凹陷處、由內向外輕輕按壓，眼球上下亦以同樣方式進行按摩。

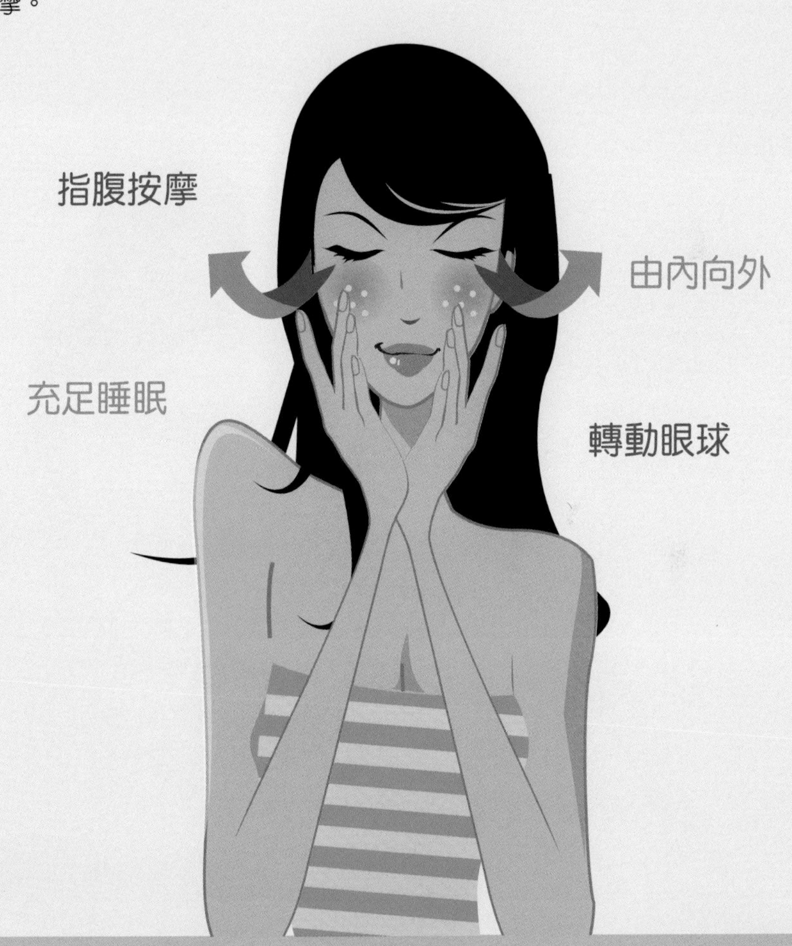

眼周的細紋該怎麼辦？

用眼過度、乾燥、紫外線及年齡增長，都會造成眼周肌膚老化形成細紋。平時應該加強眼周肌膚保濕，做好防曬工作，適度的讓眼睛休息，保持眼周肌膚的血液循環正常。

Q&A 3

用眼霜好還是用眼膠好？

眼霜產品一般來說比眼膠還滋潤，年輕肌膚較適合使用眼膠，有些人眼周肌膚特別乾燥，可以選用眼霜產品，到底是眼霜還是眼膠好，還是得依照個人膚質來做選擇。

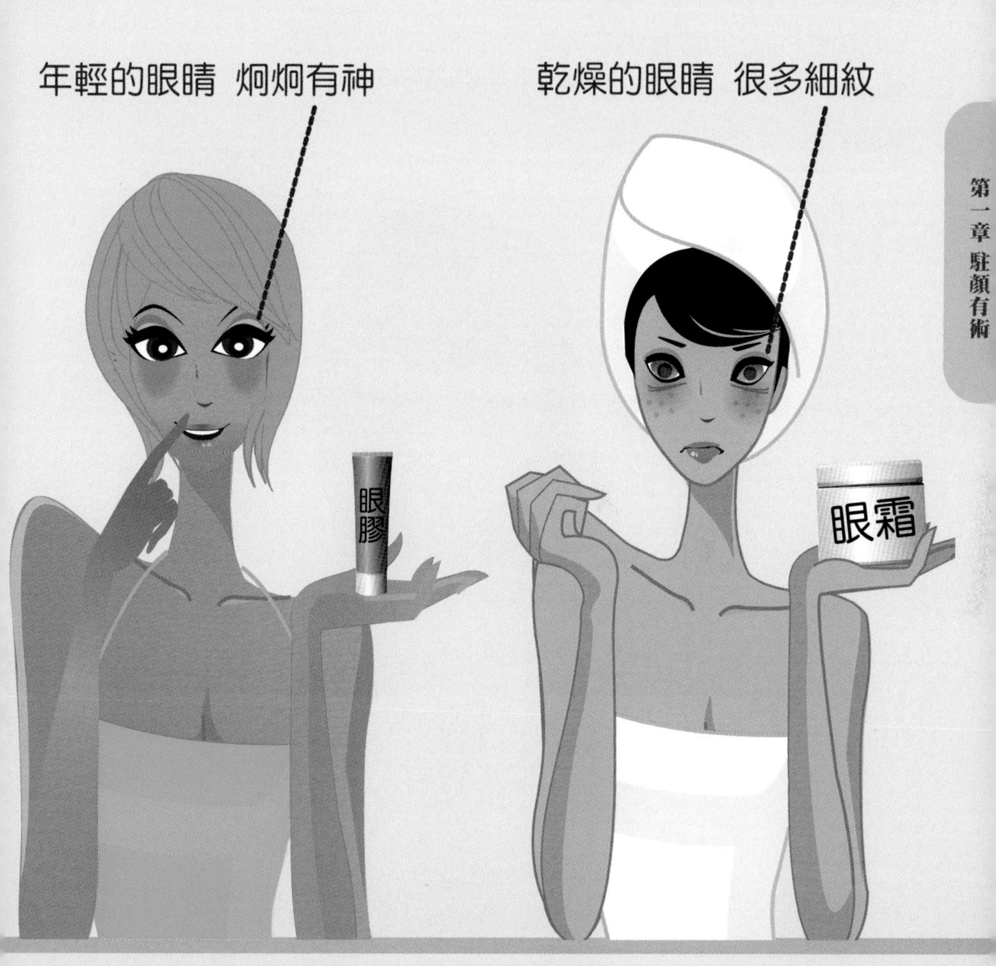

消除眼睛疲勞的方法？

妳是不是常常整天盯著電腦，讓眼睛感到疲勞、視線模糊、疼痛、不自覺的流眼淚，這些都是用眼過度的警訊，應該定時讓眼睛休息、觀看遠方，搭配簡易的按摩方式，能夠舒緩眼睛疲勞及提振精神。

眼部放鬆手技： 請輕閉眼睛，緩慢呼吸讓眼部休息放鬆。

Step1： 以無名指按壓「攢竹穴-眉頭內側凹陷處」

Step2： 以中指按壓「魚腰穴-位於眉中」

Chapter 2
全方位保養

第二章 全方位保養

從上一章節中，學會了肌膚保養的各種方法，妳可能還希望了解更多，例如，市面上玲瑯滿目的新成分、新產品及天然有機的產品，每個產品宣稱的功效多元，我們到底該怎麼選？以及除了臉部的保養之外，該如何打造一個完美妝容及健康的養髮概念？同時，在面對女生每個月的好朋友，有沒有一些事半功倍的方法，可以安撫好朋友來臨時的拗脾氣及困擾的肌膚狀況，讓生理週期時也能聰明保養？如果妳還不知道，那就趕快翻開這個章節，找到妳想要的答案吧！

Dr. Tsai

有了基礎保養的正確觀念，接著請跟著博士走入更進階的保養之道。

COFFEE

1. 完美妝容上妝之道

解析

保養程序不能過於猴急，因為每項產品在剛塗抹於臉上時，是需要時間吸收，如果一味的把保養品一個一個往臉上擦，就像是把所有產品倒在一起，然後塗抹在臉上，這樣就失去了每個產品的使用意義了，也可能因此弄花妳的臉喔！完整的保養其實不會花太多時間，可以利用手部按摩或是輕拍，加速保養品的吸收。從情境中可以發現，同樣的產品被急性子的元氣妞使用時臉部比較容易產生屑屑，造成這樣的差別，主要在於塗抹的技巧，要先從含水量較高的產品開始使用，逐次用乳液或面霜這類油分較多的產品，最後才使用含粉體類的彩妝品。特別像是保濕類的產品，也可能在遇上粉狀的彩妝時有出屑現象，建議在購買新產品時先進行簡易塗抹測試，可以避免屑屑造成的困擾喔！

Q&A 1

浮妝、不貼妝的情況很嚴重怎麼辦？

難上妝又容易掉妝，與生理期、感冒生病、熬夜、膚質及選擇的產品都有關，特別是熬夜時第二天馬上出現浮妝的現象，當浮妝情況出現時，請加強平日的保濕工作，能有效改善浮妝現象。最重要的還是健康的飲食、充足的睡眠及良好的作息才是解決之道。

Q&A 2 我可以燙睫毛嗎？

坊間處處可見各種讓睫毛變捲翹的方法，但是到目前為止，衛生署尚未核准任何燙睫毛的產品，市面上的美容業者都是以燙髮用的「燙髮劑」用於睫毛。聰明的妳千萬不要輕易嘗試喔！

Q&A 3 粉餅、粉底液、粉底霜還是粉底膏好？

要依照個人膚質及使用習慣來決定，最好先試用過並測試產品的保濕程度再選購。通常含油水比例高較滋潤的底妝產品，適合乾性肌膚使用；油水比例較低的粉狀底妝產品，較適合油性肌膚的人使用。

油水比例	產品
油水比例低	比較適合油性肌膚
↓	粉餅
↓	粉底膏
↓	慕絲粉底
↓	粉底液
↓	粉底霜
油水比例高	比較適合乾性肌膚

是不是一定要用蜜粉？

蜜粉的功用在於維持住妝容，當我們上了一層又一層的隔離、防曬、粉底液及遮瑕膏等，這些產品含有較多的油脂，所以需要以「粉體」較高的蜜粉或粉餅遮蓋肌膚，才能夠穩定住臉上的油脂成分及彩妝，避免空氣中的髒汙及灰塵黏在臉上，妝才能美美的。此外，目前市面上開始出現一些具有輔助震動功能的粉底產品，藉由震動的方式提高粉體與肌膚的接觸密度，增加底妝的均勻程度。

空氣中的髒污或
灰塵會黏在臉上

粉底

沒定妝

空氣中的髒污或
灰塵不容易附著

蜜粉

有定妝

Q&A 5

雙眸煥發神采的魔法？

如果妳的黑眼圈無法立即改善，可以利用彩妝來修飾喔！例如以偏橙色系的妝前隔離霜或粉底，在黑眼圈的部位塗抹薄薄一層，再使用化妝海綿或刷具，將粉底均勻地塗抹即可改善黑眼圈，較嚴重的人可使用遮瑕膏加強局部的修飾，淚溝下方凹陷處，並選擇較為明亮顏色的遮瑕膏來提升眼睛的電力指數。

Dr. Tsai 小提醒

藉由彩妝來修飾眼睛的缺點固然是一種好方法，但想擁有發亮的電眼，還是要搭配正常的作息，充足的睡眠，讓眼睛自然炯炯有神！

2. 柔亮秀髮養成術

解析

現代人燙染髮已成為習慣，其實不論是燙捲、燙直或染髮，對毛鱗片來說都是一大傷害，這些化學藥劑更可能正侵蝕著妳的身體，所以要盡量減少燙染髮的次數，每次至少間隔三至四個月，且染髮時不接觸頭皮。

染髮、燙髮前後髮型師都會說要護髮，真的有用嗎？

染燙髮的原理是用化學成分，將毛髮中的蛋白質結構破壞掉，再用染劑或是燙髮劑固定住髮型，在改變髮型的過程中可能會傷害髮質或刺激頭皮。因此，染燙髮時不能只重視亮麗的造型，更要呵護頭皮健康及防止髮質受損。

可遵守以下幾個原則，幫助頭皮健康：

1. 染燙髮劑不能直接碰觸頭皮及毛囊處。
2. 染燙髮前一天不洗頭，讓頭皮及毛髮含有一層天然的保護皮脂膜，可同時保護頭皮及降低毛髮受損。
3. 染燙髮後馬上使用護髮產品，修護受損的頭髮。

Dr. Tsai 小提醒

染燙過程對髮質傷害很大，建議每次的染燙髮間隔三個月以上；並作好平日居家保養，加強使用修護髮質及保持毛髮保濕度的產品。

Q&A 2

正確的頭髮清潔方法與產品選擇？

要先依照妳的頭皮及髮質來選擇，市面上的產品大多標示非常清楚。

中性：一般型的洗髮品即可。

乾性：因頭皮油脂分泌不足，容易造成髮質乾燥及斷裂，建議選擇具有保濕滋養的成分的髮品。

油性：此類型的人頭皮容易出油，有頭皮癢、異味及頭髮扁塌的困擾。因此可使用對頭皮較具有療效，或是幫助皮脂平衡的產品。

受損：因燙染造成的受損髮質，可以使用具有修護功效的產品。

Dr. Tsai 小提醒

正確的洗護髮觀念，應該是要清潔頭皮，加強修護髮幹。

我需要用到抗屑洗髮精嗎？

抗屑洗髮精不一定對每位有頭皮屑困擾的人皆有用，頭皮屑與生活習慣及體質有關，了解頭皮屑的成因及常見的抗屑成分才能選對適合的產品喔！

常見的抗屑活性成分及作用：

1. 能減少皮屑芽孢菌的抑菌成分
2. 讓角質脫屑速度變慢
3. 讓已形成的頭皮屑能順利脫落的角質溶解劑
4. 減緩頭皮不適症狀的抗炎抗癢劑

Dr. Tsai 小提醒

先檢視自己的頭皮屑成因，再找對的抗屑成分才能夠真正對症下藥，擁有清爽的秀髮！

宣稱生髮的洗髮精真的有用嗎？

洗頭髮的時間通常只有短短幾分鐘，之後立即以大量清水沖洗，其實對於幫助生髮的功效並不會那麼明顯。若是掉髮的情況非常嚴重，建議還是讓皮膚科醫生檢查會比較好喔！最重要的即是養成良好的生活作息、正確的洗髮觀念、飲食避免重口味，才是擁有一頭烏黑亮麗頭髮的不二法門。

Q&A 5
女生也會禿頭嗎？

當然，禿髮絕對不是男性的專利。女性荷爾蒙變化及藥物的影響，都會使頭皮油脂分泌旺盛不正常，因而造成禿髮或掉髮的情況，尤其是現在女性經常改變頭髮的造型，染染燙燙的過程中，這些化學美髮產品很有可能已經傷害頭皮，而造成頭皮不健康的情況。此外現代人生活壓力大，在沒有適度宣洩壓力的情況下，不知不覺中掉髮的情況就越來越嚴重，甚至可能出現明顯的圓形禿等情況。擁有良好的生活環境、充足的睡眠、適當的紓壓以及正常的飲食才是預防掉髮的好方法喔！

Dr. Tsai 小提醒

別以為禿髮是男生的專利喔，女生也要細心呵護頭髮！

Q&A 6

是不是頭皮吹乾就好了？

頭皮會自然分泌皮脂，如果太潮濕容易孳生細菌，洗頭後要盡快將頭皮吹乾，也能避免身體受寒，若頭皮吹的太乾燥，有些人容易造成頭皮乾癢敏感，有些人則會加速頭皮過度分泌油脂，所以洗完頭最好迅速將頭皮吹至八分乾。

3. 好朋友來的這幾天

解析

生理期前的不適症狀，像是腹部悶脹、胸部脹痛、頭痛、腰酸背痛、膀胱及尿道發炎等，許多人也容易情緒低落、焦慮、睡眠障礙及注意力不集中，我們統稱為「經前症候群」，嚴重的人會影響的生活作息及工作，也有產生憂鬱症的病例。「經前症候群」是可以經由自我保健的方式達到改善，應該要認識自己的身體，積極的態度迎接它的到來。

每次生理期來痛到受不了，我可以吃止痛藥嗎？

生理期的所有疼痛，其實是一種身體的自我呼救機制，我們應該正視它，關心它，依賴止痛藥也只能暫時的減緩不適，若是症狀過於異常，就應該立即尋求醫師診斷治療。

冰淇淋

刨冰

飲料

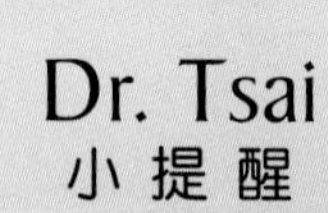

止痛藥只能治標，不能治本，若要改善生理期的疼痛還是要從生活作息開始修正喔！

經痛時該怎麼辦？

每個年齡階段的女性，都有不同的經痛問題，經痛是可經由平日體質的調養達到改善，若疼痛已發生，可做些安全又簡單的動作來緩和：

1. 腹部熱敷
2. 身體保暖不受涼
3. 多休息，不劇烈運動，也要避免食用冰冷及刺激性食物

我的經前症候群症狀正常嗎？

1. 腹部悶脹：有些人是經期前的1至2天，有些是經期中的第1至2天，微微的悶脹痛，是賀爾蒙的變化所引起的，待經血排出後悶脹現象自然消失，所以只要休息不必看醫生，除非有嚴重狀況才需立刻就醫。
2. 胸部脹痛：在經期前3至5天胸部會有脹痛現象是受荷爾蒙的影響，但也是正常的情況喔！
3. 頭痛：有些人在生理期尚未開始就有頭昏、頭痛的現象，若是影響到生活及工作，建議就醫診斷。
4. 腰酸背痛：因為子宮在生理期間會脹大，使骨盤連動到腰部，因而受到壓迫甚至有瘀血的情況，請特別注意保暖及搭配伸展運動減緩疼痛，若仍是痛到不行則建議立刻就醫。
5. 膀胱及尿道發炎：很多女性都有膀胱或尿道發炎的經驗，且月經期的前後容易有復發或感染以及容易搔癢及頻尿的情況，此時期要特別注重清潔、多喝水，或食用蔓越莓保建。泌尿道問題可不能開玩笑，尿液中若有血液，發炎疼痛超過半天以上未改善，要儘快請醫生治療。

蔓越莓飲料

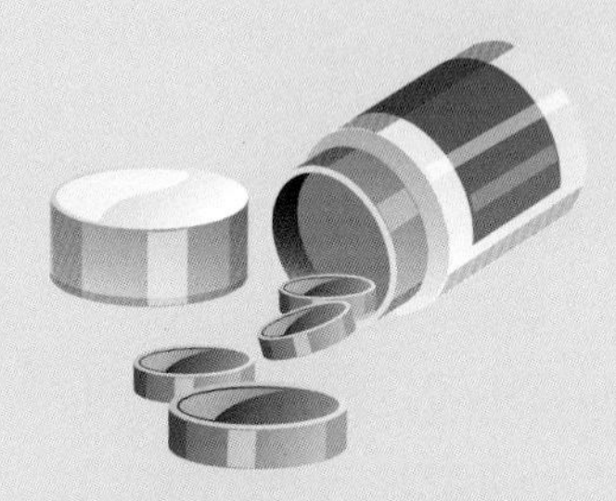

蔓越莓保健食品

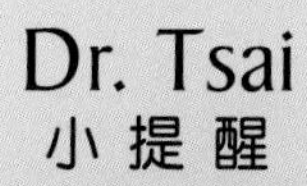

適時的飲用蔓越莓相關的產品，對女生是有幫助的喔！

Q&A 4 怎麼利用生理週期來保養？

女性體內荷爾蒙的神奇變化，讓我們總是被冠上個性善變、情緒化等。其實我們可以善用週期的變化，讓身心靈及肌膚保養達到事半功倍喔！聰明保養，就跟著生理週期做調整！

第一週 (月經期：防守期)

雌激素或黃體素分泌量下降，體溫較低，身體及肌膚特別虛弱，要細心照料，不熬夜、保暖、營養充足、適當運動、注重肌膚清潔及保濕工作。

第二週 (濾泡期，即為月經後一週：衝刺期)

號稱美麗激素的雌激素大量增加，體溫較低，身心處於最佳狀況，減重、出遊、約會、保養各方面都非常適合。此時期可飲用四物湯，加強體內的保養。

第三週 (黃體前期，即為排卵期，月經後二週：保守期)

雌激素和黃體素分泌開始不穩定，此時經前症候群症狀開始出現，肌膚變的敏感，皮脂分泌旺盛，毛孔開始有粗大傾向。此時期請注意臉部清潔，多吃富含纖維的蔬果，避免便秘問題，同時補充礦物質高的食物。

第四週 (黃體後期，即為月經期前一週：更新期)

因受到黃體激素的影響，後期的狀況更不佳，經前症候群症狀更加明顯，此時期應善用各種舒壓方式保持心情愉快。由於皮脂及黑色素分泌旺盛，肌膚角質增厚，要特別注重清潔、去角質及防曬，可減少生理痘及毛孔粗大的困擾。

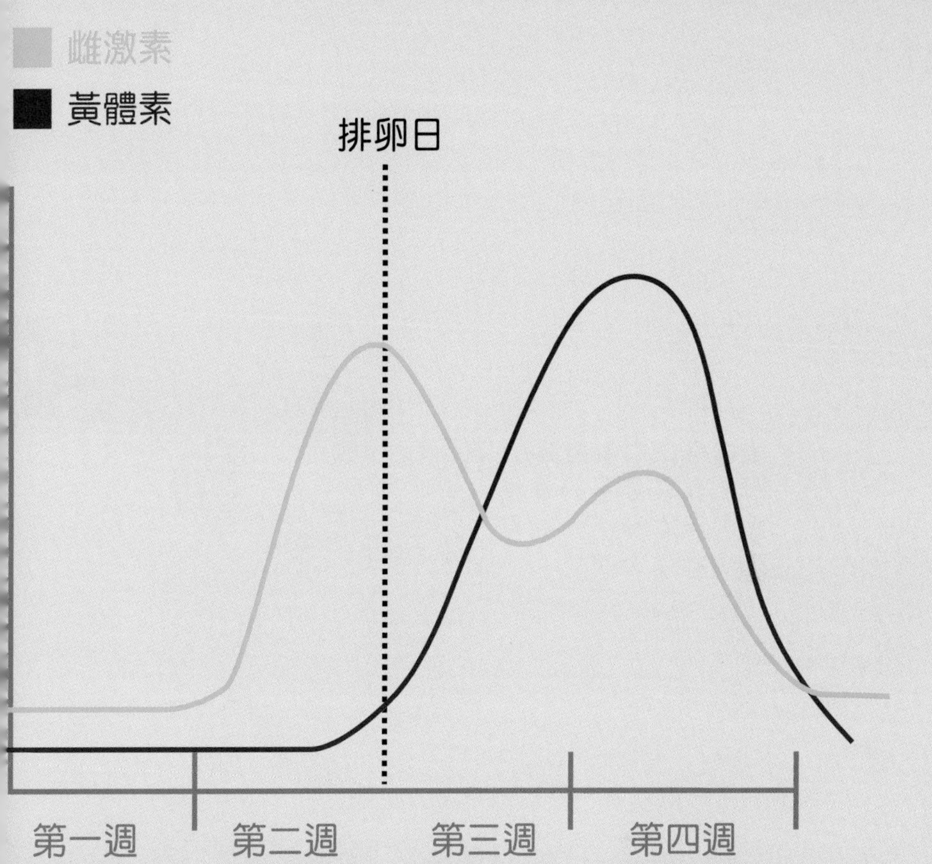
雌激素
黃體素
排卵日
第一週
第二週
第三週
第四週
月經期
防守期
濾泡期
衝刺期
黃體前期
保守期
黃體後期
更新期

4. 天然產品掛保證？

解析

選購保養品的時候，市面上的廣告文宣及產品標示是不是讓妳一頭霧水，看的懂A看不懂B，究竟產品該怎麼選擇，還是要遵守一些基本的原則，才能夠真正選對產品。

1 標榜有機、天然，就是好產品嗎？

市面上許多訴求天然的產品，成分可能萃取自天然的植物或動物，大多標榜著天然萃取對肌膚「零負擔」、「低刺激」。從植物或動物萃取出的成分雖是天然的，但萃取的技術攸關於成分的純度，若是該成分的純度不佳進而影響安定性，因而影響產品的安全，甚至可能造成皮膚刺激的情況發生。

萃取的純度？

天然

有機

成分安定性？

Dr. Tsai 小提醒

光是訴求天然，不一定就是最好的喔!

Q&A 2

保養品中有防腐劑，好嗎？

為了要避免微生物汙染以及要延長保存期限，通常會加入防腐劑來防止微生物孳生，這些防腐劑其實是具有抗菌功效的化學物質，其中最常在保養品中見到的是苯甲酯酸（parabens）**(P159)**，行政院衛生署對其在保養品中的使用濃度皆有一定的限制，因此在該濃度範圍內使用上通常是安全的，適量的防腐劑對保養品而言是必須的。若是不添加防腐劑，那必須確保製造過程中皆在無菌的環境下完成（包括瓶器、包裝、生產線），並且在開封後儘快使用完畢，才能真正確保使用的安全。所以防腐劑的添加與否有好有壞，最重要的還是取決於產品的製造過程及用方法！

Dr. Tsai 小提醒

保養品中的防腐劑如果在規範的劑量下，是可以安心使用的！

玫瑰、百合、花香味，保養品香香的好嗎？

保養品可以說是一種自我感覺的保養方式，產品的外包裝、外觀、香味都會影響消費者對產品的評價，所以在設計產品時，為了遮蓋原本保養品不好聞的基底味道，通常都會加入香精來增加消費者對產品的好感。然而香精大多是化學合成物質，對某部份使用者可能會有過敏或刺激的情況產生，所以在選擇產品時應該依據自己的膚質狀況做選擇，如果是敏感肌膚，則建議盡量選擇無添加香精的產品。

奈米是什麼?分子越小越好?

市面上常見到許多標榜奈米的產品，奈米到底是什麼？奈米代表的其實是「尺寸單位」，是非常微小的粒子。在保養品中為何要做到這麼微小的奈米粒子呢?是因為其中一些活性成分的特性較難穿透具有親油性的角質層結構，在皮膚的吸收途徑上，角質層結構緊密如同難行的蜿蜒路，阻礙之下就無法傳送到有效的肌膚部位，因此會以奈米載體(註)包覆這些難以穿透角質層的活性成分。

許多人覺得分子越小越好，因為成分的分子大小與功效有很大關聯，通常在分子大小**500**以下較有機會穿越至活細胞層，但並非分子越小越好，仍需考量多方複雜的特性，例如，電性、形狀、非離子型及親油性等。

也有跟肌膚穿透無關的奈米成分，防曬產品中的物理性防曬，利用微小的粒子附於肌膚表面上來達到防曬功效，最大的好處是讓原本看起來死白及厚重的妝感，變的較為透光的自然妝感，因此奈米等級物理性防曬被大量的運用在防曬產品中。

Dr. Tsai 小提醒

奈米(Nano)：奈米是非常微小的粒子，1nm＝10^{-9}m，一般顆粒在1～100nm範圍內的材料都被稱為奈米材料（nano material）。

註
米載體(Nano carries)：
見的奈米微粒(Nanoparticle)、微包/微球
celle)、微脂囊(Liposome)，這些載體其實
一些非常微小的脂質，利用結構的特性將不同
活性成分包裹在其中，能夠幫助成分穿透到肌
深層一點的部位。

Q&A 5 越貴的保養品越有用嗎？

很多人一定很疑惑，同樣是保濕產品價格為什麼差那麼多？甚至有些人會覺得「一分錢一分貨」，擦比較貴的保養品當然比較有效。其實保養品的功效和價格並非成正比，我們可以從內在及外在因素兩個觀點來看：

1. 內在：成分的純度與萃取技術有很大個關係，為了要達到高純度的成分，可能會花費更多的時間及金錢才能夠得到雜質較少的成分，因此成本相對的也提高許多，造成產品價格的差異。
2. 外在：有些產品價格低，可能是壓低包裝的成本、減少廣告的費用；有些產品價格高，可能是精美的包裝或是高價的明星代言，依據不同的消費族群而有所區隔。所以保養品的功效還是要取決於產品的設計、成分的搭配、是否符合自己的膚質以及正確的使用方式，否則妳花了大把鈔票買了一堆不適合自己的產品，也只是在浪費錢而已！

Dr. Tsai 小提醒

保養品不一定要越貴越好喔，
選擇適合自己膚質的才是最重要。

Q&A 6

搞不懂產品的使用順序？

買了一大堆保養品，化妝台上總是瓶瓶罐罐，卻搞不清楚到底該怎麼使用。市面上產品的名稱及質地沒有一定的標準，可以參考各家的產品使用方法及建議，其實妳只要秉持一個原則來判斷，質地比較偏向水及清爽的產品先擦，再使用油脂含量較多的產品。譬如先使用化妝水，然後是精華液，最後再擦上乳液或乳霜；那有些人可能會疑惑，眼部保養品該使用在哪一個步驟呢？必須要依照質地來判斷，假若所使用的產品是屬於質地偏水不油的眼膠，則要擦在高水感的精華液後及乳液前。

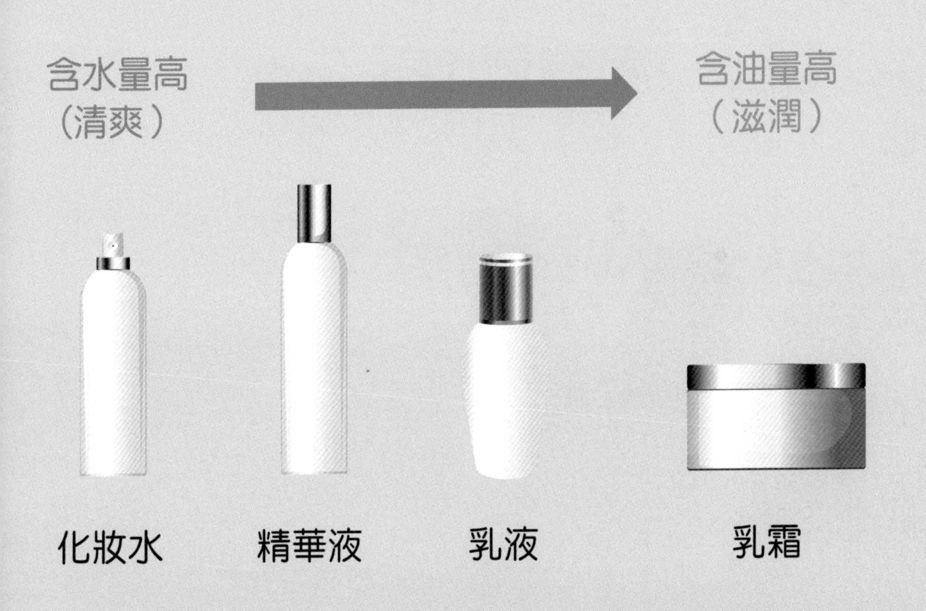

Chapter 3
全面抗老

第三章 全面抗老

保持永恆的美麗，是許多女性追求的目標，為了達成這個目標，愛美的妳用盡各種保養產品、輔助器具、護膚療程……來抵抗年齡所帶來的老化，卻仍無法換來永遠的青春美麗。

該如何全面性的對抗老化？正確的說法應該是，該如何全面性的「了解老化」！每個階段的女人女孩，都擁有各自的獨特美麗，從心靈開始了解自己，知道自己要的是什麼，缺少的是什麼，才能從不同的層面給予自己所需。

接著進入本章節，看看25、35、45不同世代的女性，她們的生理、心靈和肌膚狀況的變化，由不同層面，去了解及接受，最後給予自已真正所需要的。讓我們藉著元氣女、美勝女和淡定媽的心境寫照，找到屬於自己的魅力與自信。

元氣妞的美容自慢

唉！過了25歲，身體代謝變好差～～
以前怎麼吃都不會變胖耶！
吃到飽、甜點、消夜來者不拒，只要餓幾餐，肚子就消了，一下就瘦回來。
現在連喝水都胖…@@

以前出現痘痘、粉刺、曬黑及曬傷，只需要花一小段時間就可以恢復，現在痘疤難消除、毛孔越來越明顯、黑斑還害我變成小花貓，最慘的是，曬黑的肌膚也要花好一陣子才能恢復!!

開始工作後，每天都坐在辦公室的水泥牆裡，活生生的像個籠中鳥！每每遇到工作壓力大、心情焦慮時，就會隨手拿起零食大肆朵頤，不知不覺肚子變圓了，屁股變大了，連體重也直線上升...

這個階段的我們，正處於人生的碰撞期，可能剛出社會不久，沒有足夠的工作經驗，對於未來充滿著極大的不確定感，有夢想，但似乎距離它還非常遙遠，人生總是在不斷的嘗試中渡過，我們的生活型態像是「雲霄飛車」，忽高忽低充滿高速快感，一個接一個的新鮮事，不知不覺擠滿了整個生活。其實，我們應該要給自己留一些空白，放慢生活的腳步，仔細聆聽內心的聲音，感受、消化、沉澱它，然後再繼續勇敢的往前進。

我們把以前的生活習慣一直延續到25歲，然後在某個瞬間發現，自己的身體狀況已經開始抗拒從前的生活型態了。以前的我們年輕貌美，肌膚狀況處於巔峰時期，即使不做完整的保養工作，肌膚也可以呈現自然透亮的狀態；以前的我們新陳代謝快速，即使大吃大喝也不會馬上發胖；以前的我們無憂無慮，即使有煩惱也只是雞毛蒜皮的小事；以前的我們晚睡、熬夜，只要休息一整天就可以恢復體力。現在生活中的各種壓力，環境壓力（空氣不佳、紫外線強烈、各式各樣的化學過敏原）、內心壓力（工作、生活經濟等）、自然老化壓力（人體內自然的膠原蛋白、彈力纖維等減少），這些種種的因素，讓我們的身體和肌膚狀態逐漸呈現衰退的情況，到底該怎麼做才能夠全面性的面對老化的衝擊？

首先，要從生活型態上開始做改變，我們需要規律的生活面對初期的老化。熬夜、作息不正常是造成老化的一大殺手，睡眠不足或睡眠狀態不佳，細胞得不到充分的休息，身體容易疲憊，長期下來身體和肌膚開始向我們抗議，毛孔粗大、膚色暗沉接踵而來，即使用了高效的保養品，成效也不佳。

所以，幫自己訂一個規律的作息時間，大聲的和熬夜說「bye bye！」除此之外，我們剛好處於科技發達的世代，智慧型手機人手一支，「低頭族」這個新名詞真是一點都不陌生，早已習慣隨時隨地都能夠與世界連線，透過社群APP和朋友熱線、在虛擬的網路遊戲世界裡得到成就感……，卻不知道這些行為已經嚴重的威脅到眼睛健康，除了享受網路的便利，也不要忘了維持眼睛的水潤光彩，適時的讓眼睛休息喔！ 如果妳還不知道怎麼善待眼睛，請翻至「打造勾魂電眼」**(P80)**。

25歲前的我們對於保養懵懵懂懂，每當看到新品上市，各式各樣的新包裝、新噱頭及新科技，常常讓我們禁不起誘惑的花大錢；但這些新穎的外觀及科技，卻不一定適合我們。隨著年齡增長，肌膚的狀態逐漸往下降，皮膚中的天然保濕因子、神經醯胺等均開始逐漸減少，此時期最重要的是給予肌膚足夠的水分及鎖水因子，以維持肌膚水嫩光滑，另外需特別注意，「加強保濕」是維持美麗的首要工作，25歲開始，我們要學著「了解自己」，學會選擇適合自己的保養品。

面對「老化」這事兒，我們開始了解它，不要恐懼和恐慌。從外在的飲食、運動或保養品，到內在心靈層面的壓力舒解，都需要我們用心去調整，才能繼續保有元氣與美麗。

美勝女的美容自慢

雖然已經體認到身體代謝變差的事實，但只要平日不運動、飲食不注意、工作壓力大或熬夜，體重就無法控制，身體也渾身不對勁，變得好容易疲累喔！

真的很煩欸！
一到30歲，開始被親朋好友問起：「有男朋友了嗎？何時換妳結婚阿？奉勸妳，如果有想生小孩的打算，要趁早啊！工作還好嗎？...」
這些似乎變成了問候公式，也造成我們心裡無形的壓力！

以前用什麼保養產品都OK，現在的肌膚反而會挑產品用，動不動就敏感、乾癢、起小疹子；眼睛也變得容易疲累、眼周乾燥還有明顯細紋，因為這些轉變，在保養上得下更多功夫，對保養品的選擇也不得不更加慎重！

為什麼突破30歲大關會如此難熬？告別了20歲的青春與活力，卻追趕不上40歲的成熟與魅力，似乎象徵著一種儀式，不論是工作、感情、家庭、生活，這些都是壓力及煩惱的來源。心裡總是有好多好多的想法……

「工作上，充滿不確定，這份工作值不值得我們一直努力打拼下去。」

「單身很好，但是眼看著身邊的朋友結婚嫁人，心裡總有一股落寞感！」

「到了適婚年齡，家人不斷催促，但就是找不到對的人！」

「我們只想過有品質的生活，而不只是在過日子！」

「肌膚老化現象開始浮現，是從前想也沒想過的，好怕自己越來越老！」

這些害怕，在每位女孩步入女人的階段總會出現，工作上，年輕時滿腔熱血的投入職場，經過幾年工作的試練後，運氣好的可能當上了小主管，也可能漫無目的不停變換工作或壓抑著屈就工作，大多數人早對工作失去了熱忱；在愛情裡，從前總幻想能遇到白馬王子幸福快樂一輩子，現在則希望遇見能夠跟自己相處一輩子的人。過去急於找答案，所有事情都希望掌握在自己手裡才能感到心安，不論是愛情、工作或是婚姻，但這一急，把各種關係都給打壞了，因此不難看到我們身邊許多朋友陷入低潮，30歲後有新的領悟，該學會有智慧的「慢」哲學。

生命的過程起起伏伏，不過就像廣告常見到的「山不轉人轉」，心轉境也跟著轉了，年少時只知道自己不要什麼，成熟的我們才知道什麼是要的，開始學會勇敢做自己，知道自己扮演的各種角色該如何轉換，開始有能力重新調整家庭、工作及感情，也變得能夠慢慢品味生活的種種。

現在的我們開始要照顧好自己的生活，適當的紓解壓力，找到最適合自己的放鬆方程式；飲食上，身體基本的營養要補足，可別為了應酬及壓力大，就放肆的大吃大喝；培養一項喜歡的運動及興趣，讓身體的代謝維持正常，心情保持愉快。不論是生活或心理上，在保養上更要對自己好一點，對自己的肌膚更多了解與觀察，只給肌膚真正需要的，而不只是想要的。

「分區保養」的觀念也要慢慢建立，多數的人都是混合性肌膚，因為年齡的增長，加上每天化妝的比例偏高，肌膚的小狀況越來越多，再用從前的保養方式可能不夠了。例如兩頰容易乾的人要特別強化保濕及防曬，基礎保養後塗上薄薄一層的乳液及乳霜來補足滋潤度，T字部位容易長粉刺及出油的人，使用較清爽的產品，也要定期使用幫助肌膚代謝或去角質產品。同時也必須注重眼部肌膚的保養，趕在小細紋浮現前做好預防保養工作，選用適合自己膚質的眼霜，初次使用的人可以先從保濕產品開始使用，再搭配基本的眼部按摩，維持眼周肌膚的保水度，電腦族也盡量別讓眼睛過度疲勞喔！

現在的我們更要好好珍惜，享受這屬於30歲後的幸福力與魅力，因為女人30歲才是美好人生的真正開始！

淡定媽的美容自慢

前天聽到某個朋友得了癌症，發現的時候已經第三期，孩子都還在就學；昨天又聽到某個朋友夫妻感情失合、離異。
人生啊！總是事事難料…，想幫忙些什麼，卻使不上力!!

隨著年紀增長，身體每況愈下，需要休息的時間及頻率越來越長，能專注在工作上的時間也越來越少，只能靠著各種方式來想辦法提升工作效率！

我的孩子最近狀況連連，
真是讓我傷透腦筋！
工作時心頭有如懸在崖上，
夫妻倆總在照顧孩子及打拼工作
間二頭燒...

我們，已經過了40歲而不惑的年紀，可能在職場上的定位已經確認，也可能已經是一位稱職的家庭主婦；我們把重心放在孩子身上，期許他們健康平安以及擁有優異的表現；我們經歷過人生的各種高低起伏，對於世事大多能坦然面對；我們開始面對體能的衰退，開始了解各種養生的方法；我們已經拋去外在的束縛，著重的是內在的心靈層面。

肌膚的保養速度早已追趕不上老化的速度，對我們來說最重要的保養是從「心」開始，內心的富足才是我們最需要，為了全心照顧好家庭，周旋在婆媳、小孩、老公之間的關係，各個都是門學問，當我們的生活穩定，工作及健康也能平衡兼顧，再加上肌膚的簡單保養，外表及身體自然也會跟著光彩起來，現在的我們已不像小女孩時期，只有在戀愛時才會容光煥發喔！

簡單保養首要注意的是保濕及滋潤，再者是防曬工作，對抗法令紋、魚尾紋，可以搭配一些具有抗皺效果的產品，這些歲月的痕跡是我們的智慧象徵，如果不是太嚴重，請不要過度擔心喔！更何況現在滿街醫美診所比比皆是，可以依照我們的需求作微整形呢，怕什麼！不過，還是要小心荷包是否夠滿，並且記得不要陷入看自己越來越不順眼，變成每隔一陣子就要「整」一下的情況！在保養上，需注意全臉的保養滋潤度是否足夠，特別在換季前後要強化身體保養，因為不僅肌膚連我們的身體也會跟著出小狀況及亮紅燈，長期出現的小毛病或是慢性疾病，千萬不可忽視，要轉換成健康的生活方式及飲食習慣。

對我們而言，最好的「美麗荷爾蒙」就是保持愉快的心情，反而希望能幫助身邊更多的朋友，事事都能順來順受，讓我們一起享受這些美好的人生，一同擁有富裕的心靈。

Chapter 4

成分地圖

第四章 成分地圖

化妝桌上擺滿各式各樣的保養和護膚產品，每種產品都有各自宣稱不同的成分及功效，妳是不是常常搞不清楚自己所使用的產品含有哪些成分？這些成分的主要功效為何呢？

第四章為妳整理好目前市面上常見的保養品成分，並且一一介紹它們的身家背景。妳可以依照不同家族的保養品成分，例如保濕家族、美白家族、抗氧化家族……等，或是直接查詢妳手中現有保養品的成分名稱，這些成分的功效及簡介一目瞭然，能夠幫助妳對症下藥，擁有最安全又安心的美麗！

維生素E
P155

紅石榴萃取
P149

α-硫辛酸
P149

茶樹精油
P159

鞣花酸
P147

維生素C及其衍生物
P154

熊果素
P147

傳明酸
P147

果酸
P158

保濕 美白 抗痘
抗老 抗氧化 防腐劑

保濕家族

科學研究證實，肌膚要健康，充足水分是重要關鍵，因此，保濕工作是保養的首要課題，若能夠讓肌膚保有充足的水分，即能夠維持肌膚健康，自然呈現水潤透亮的膚質。有哪些成分是保濕家族裡的重要成員？讓我們一起往下看。

神經醯胺（Ceramide） 天然的保濕之王

人體肌膚的角質層是由15至20層的老廢角質所組成，其中神經醯胺又稱為分子釘，是組成皮膚角質層的重要成分之一，具有防止肌膚水分散失、調節表皮含水量以及防禦的功能。但是隨著年齡的增長，肌膚中神經醯胺的含量大幅下降，因而造成肌膚不健康、乾燥及細紋的產生。為了改善此情況，保養品中常會添加神經醯胺以恢復肌膚健康，減少水分散失、幫助肌膚保濕、延緩老化。

甘油（Glycerol） 最長壽的保濕劑

1779年瑞典藥劑師Scheele，將橄欖油與一氧化鉛反應時，意外發現一種具有甜味成分的物質，經過不斷研究後發現此成分為甘油，也是保養品中常見的保濕劑。甘油是一種多元醇，為黏稠的透明液體，吸濕性高、保濕效果佳，保濕程度與玻尿酸、膠原蛋白不相上下，價格親民，因此保養品中非常容易見到它的身影。使用方式上必須注意的是，甘油的吸濕性高，容易吸收大量的水分，若將甘油直接塗抹在皮膚上，會使肌膚水分被過度吸收，反而造成肌膚缺水或刺激，因此必須先稀釋後再使用。

保濕 美白 抗痘
抗老 抗氧化 防腐劑

天然保濕因子（Natural moisturizing factor, N.M.F.）

角質層在人體的肌膚中是非常重要的一道保護屏障，由固醇類、脂肪酸、胺基酸類、乳酸鹽類、天然保濕因子等組合而成，它具有保護、防止水分散失及調節皮膚表面pH值等作用，前述提到的天然保濕因子（N.M.F），主要成分為胺基酸、Pyrolidone carboxylic acid（PCA）、乳酸鈉、尿素等。

N.M.F在人體肌膚角質層中具有良好的保水作用，能夠在角質層中與水結合並調節水分的通透性，維持角質細胞間的含水量，使肌膚呈現水潤狀態。隨著年齡增長、壓力累積以及一些外在環境破壞，容易造成體內保護因子大量減少或分佈不均，讓肌膚看起來暗淡無光、毛孔粗大、失去彈性。因此保養品中常加入天然保濕因子，利用它與自身皮膚的保濕成分相同的優點，較不會有產生刺激的反應，同時又具有極佳保濕效果，幫助肌膚維持健康。

N. M. F的組成分含量百分比

成　　分	含　量(%)
Free amino acid (胺基酸)	40.0
Pyrolidone carboxylic acid (PCA)	12.0
Sodiumlactate（乳酸鈉）	12.0
Urea(尿素)	7.0
氨、尿酸、Glucosamine，Creatinime	1.5
檸檬酸鹽	0.5
Na 5%，K 4%，Ca 1.5%，Mg 1.5%，PO_4 0.5%，Cl 6%	18.5
醣、有機酸、胜肽，其它未確認物質等	8.5

透明質酸（Hyaluronic Acid，HA）

公認最佳的保濕成分

透明質酸源自於希臘文Hyaluronic Acid，hyal-的意思是像玻璃一樣光透亮，而uronic acid指的就是醣醛酸，俗稱為玻尿酸，結構是由雙醣組成的高級多醣類。醣醛酸大量存在於人體結締組織中（例如皮膚、關節、軟骨、韌帶、眼睛的玻璃體中）及真皮層中的天然保濕成分，是一種外觀透明且具有黏性的高分子多醣體。由於吸水能力極佳，不但能夠保持肌膚中水分，同時也能增強肌膚保水時間，因此常被當成保濕產品的主成分。有趣的是大家熟知的玻尿酸這個名字，其實是個錯誤的英譯名稱，原因是醣醛酸的英文(uronic acid)被誤解為尿酸(uric acid)，演變成大家慣用的玻尿酸這個名稱。

角鯊烯（Squalene）

來自深海的美顏聖品

大家常聽到的美顏聖品-角鯊烯（簡稱鯊烯），常做為肌膚天然皮脂的保濕劑，同時具有極佳的抗氧化效果，人體的皮下脂肪中本身就含有多量的「角鯊烯」，但隨著年齡的增長含量逐漸降低，適當補充鯊烯對肌膚的保濕及抗老化都有很大的幫助。常常有人提出這樣的疑問，我們所使用的成分是「角鯊烯」還是「角鯊烷」？　其實，角鯊烷(Squalane)才是保養品常用的成分，因為天然來源的鯊烯多從深海鯊魚肝臟或橄欖油中萃取出來，經過初步加工後萃取出的-角鯊烯，活性較強，容易有不穩定的現象產生，通常會經過二次加工將其轉換為較安定的「角鯊烷」，所以市面上的產品為了保存容易及安全，大多使用角鯊烷。

保濕　美白　抗痘

抗老　抗氧化　防腐劑

美白家族

所謂的「一白遮三醜」這句至理名言，深植在亞洲女性心中，因此「美白」早已是愛美女性所重視的保養關鍵，市面上許多宣稱具有美白功效的成分，這些成分你了解嗎? 真的安全嗎? 國內衛生單位規範出可安全使用的美白成分及使用濃度限制（如下表所示），因此選用美白產品時，不盲目追求及迷信品牌，應選擇對肌膚安全無慮的產品，做個聰明的消費者。

行政院衛生署美白成分濃度規範表

中文名稱	英文名稱	濃度上限(%)
維生素C磷酸鎂	Magnesium Ascorbyl Phosphate	3
麴酸	Kojic Acid	2
維生素C醣苷	Ascorbyl Glucoside	2
熊果素	Arbutin	7
維生素C磷酸鈉	Sodium Ascorbyl Phoshate	3
鞣花酸	Ellagic Acid	0.5
洋甘菊抽提物	Chamomile ET	0.5
傳明酸	Tranexamic Acid	2~3
甲氧基水楊酸鉀鹽	Potassium Methoxysalicylate	1~3
乙基維生素C	3-O-Ethyl Ascorbic Acid	1~2
二丙基聯苯二醇	5,5'-Dipropyl-Biphenyl-2,2'-diol	0.5
傳明酸十六烷基酯	Cetyl Tranexamate HCl	3
	Rhododendrol	2

※以上由國內行政院衛生署自89年陸續公告可使用於化妝品之美白成分的使用濃度上限

保濕　美白　抗痘
抗老　抗氧化　防腐劑

熊果素（Arbutin）

來自熊果葉的秘密

熊果素是一種由越橘科植物熊果葉中萃取出的成分，在梨、小麥等植物中也有發現，是一個醣基化的對苯二酚，以競爭型抑制方式抑制酪胺酸酶（tyrosinase）活性，減少 DOPA 轉化成 DOPA quinone，進而阻礙黑色素的形成，因此被當作美白製劑。而熊果素的結構和對苯二酚類似，但比對苯二酚多了葡萄糖分子，因此刺激性較小，較常使用於化妝品中，目前行政院衛生署對於熊果素的添加限制為 7% 以下。

鞣花酸（Ellagic Acid）

天然美白小公主

鞣花酸廣泛存在於蔬果及堅果類組織中，為天然多酚具有高效的抗氧化能力，並且能夠抑制酪氨酸酶的活性，阻斷黑色素生成，因此大量使用於美白產品中。簡言之它能夠抑制黑色素形成達到美白的功效，同時具抗氧化功效，維持肌膚健康。

傳明酸（Tranexamic Acid）

美白新天后

又稱為凝血酸，為一人工合成的胺基酸，具有止血及抗炎的藥理效用，一開始運用在臨床治療方面，後來研究發現它具有抑制黑色素的功效，因此廣泛的使用於肝斑或黑斑這些黑色素沉澱的治療，目前行政院衛生署已核准使用於美白化妝品中的限制濃度為2~3%。

抗氧化家族

大家都知道紫外線、環境中汙染、壓力、生活作息不正常都會產生大量的自由基，過多的自由基會嚴重傷害細胞膜及細胞核，這也是肌膚老化及病變的主要原因。因此需藉由抗氧化劑將有害的自由基捕捉或清除，防止肌膚受到侵害而加速老化。抗老化（Anti-Aging）要先從抗氧化（Anti-oxidant）著手，市面上常用的抗氧化成分，例如維生素C、綠茶多酚、紅石榴萃取、蝦紅素、艾地苯、角鯊烷、α-硫辛酸、輔酶Q10 等，以下介紹幾種常見的抗氧化成分。

綠茶多酚（Green Tea Polyphenols）

多多益善 兒茶素

綠茶多酚亦即兒茶素（Catechins），多攝取綠茶多酚類能提高各種生理功能，增進人體的健康。醫學上各種疾病及併發症所產生的氧化壓力，也可利用兒茶素做為強效的抗氧化劑。

蝦紅素（Astaxanthin）

傳說中的超級抗氧化劑

亦稱為蝦青素，為天然的紅色色素，此命名與蝦蟹體內的天然色素有關，廣泛存在於動植物、藻類、微生物體中葉黃素類的色素。科學家發現蝦青素在螃蟹、蝦子體內時，遇高溫不會被破壞，呈現橘紅色，進而發現此物質為「蝦紅素」，具有超強抗氧化能力，甚至超越維生素E及多種抗氧化劑的百倍以上，因此又稱為「超級抗氧化劑」。除此之外，它也具有預防神經退化疾病、心血管病變及增強免疫力等功能。

保濕 美白 抗痘
抗老 抗氧化 防腐劑

紅石榴萃取（Pomegranate）

高營養價值的優良抗氧化劑

醫學研究發現，石榴中含有延緩衰老、預防動脈粥樣硬化及減緩癌變的抗氧化劑，常用於預防心血管疾病。紅石榴中主要含有「紅石榴多酚」和「花青素」兩大抗氧化成分，並富含亞麻油酸、維生素C、維生素B6、葉酸、鈣、鎂等礦物精華成分，是具有高營養價值的抗氧化果實，也因此常用於肌膚保養中。

α-硫辛酸（Alpha Lipoic Acid）

天然抗氧化尖兵

1937年科學家進行細菌培養時，發現一種來自馬鈴薯萃取液中的營養成分，稱之為馬鈴薯生長因子，一直到1989年，α-硫辛酸正式被認定為抗氧化物質，α-硫辛酸存在於細胞中的發電廠-粒線體內，性質與Co-Q10類似，為輔酶的一種，可作為抗氧化劑及補捉自由基，同時也能幫助其它抗氧化成分，如維生素C、維生素E等進而產生共乘效果。歐美各國把α-硫辛酸當成極佳的抗氧化健康食品，具有穩定血糖的良好作用。運用在保養品方面，也同樣具有抗氧化及抗老化的效果。雖然在食物中較不容易補充，但仍可從肝、心等內臟、番茄及豆子中攝取。

輔酶Q10（Ubiquinone-10）

酵素界的抗氧化之王

一般稱Co-Q10或輔酶Q10，存在於自然界動植物中，人體可自行合成也可由食物中取得，1957年由科學家Dr. Frederick Crane等人，首次從牛心臟的粒線體中分離出，並發現輔酶Q10能刺激細胞中的腺粒體製造出能量，也被命名為維生素Q，輔酶Q10因大量存於心肌，因此對心臟亦具有保護功能。隨著年齡的增長，體內的輔酶Q10越少，進而影響人體製造能量的功能，肌膚也變得老化鬆弛，所以可在保養品中添加輔酶Q10，給與肌膚適切的養分，當然也能從牛肉、牛心及雞蛋等食物加以補充。

艾地苯（Idebenone）

抗老化家族成員之一

橘色艾地苯的本名為「艾地苯醌」，由輔酶Q10衍生物合成轉化而來，結構與輔酶Q10類似，原本作為治療腦部病變的相關藥物，後來經科學家證實後，發現其具有極佳的抗氧化效果，因此成為新一代的抗老化成分，主要功效是抗氧化、抗皺及深層保濕。

保濕　美白　抗痘
抗老　抗氧化　防腐劑

維生素家族

維生素家族是體內極為重要的營養來源，維生素的發展歷史悠久，科學已能明確證實其功效，因此許多維生素都被作為有效成分，提升或維持肌膚的健康狀態。不同的維生素對於肌膚的作用不同，在此簡單介紹它們的特性。

維生素A（Vitamin A）

抗老之主

1831年科學家從植物中提取，經由不斷的純化開發，將其命名為維生素A，是眼睛及皮膚不可或缺的營養成分，能夠調節皮膚角化作用、使角質正常代謝，也能夠促進真皮層膠原蛋白與彈力蛋白的增生，使肌膚健康有彈力。雖然維生素A具有抗老功效，但是它的穩定性不佳，因此大多數產品中所添加的其實是維生素A衍生物，如視黃醇（Retinol）、視黃醛（Retinal）、視黃酸/A酸（Retinoicacid）、視黃酯（Retinyl Ester），這些衍生物的結構及功能類似維生素A，其化學性質較穩定、溫和且較無光過敏的情況發生。

保濕　美白　抗痘
抗老　抗氧化　防腐劑

Dr. Tsai 小提醒

醫生常以「口服A酸」作為治療青春痘的用藥，特別注意在使用"A酸"後一個月內一定要避孕，如果已經懷孕則千萬不可以使用喔！

維生素B（Vitamin B）

健康保濕小尖兵

維生素B群裡的成員超過12種，常見的維生素B成員為B1、B2、B3、B5、B6、B11與B12，大多為水溶性，是人體不可或缺的營養素，與體內的醣類、蛋白質及脂肪的代謝相關，可調節新陳代謝、增進免疫系統和神經系統等功能。除了在體內發揮作用外，維生素Ｂ的吸濕性佳，因此對於肌膚具有保濕的功效，在保養品配方中是優良的保濕劑。

維生素B3（Vitamin B3）

平價保溼聖品

又稱為菸酸、菸草酸，它能幫助血液中壞膽固醇的含量降低，預防心血管疾病的發生，同時能夠增加肌膚彈性，可在內臟、瘦肉、魚、堅果及奶類等食物中攝取到維生素B3。

維生素B5（Vitamin B5）

維生素Ｂ界的酵素型保濕天后

同時也稱為泛酸，是組成輔酶A（Co A）及醯基載體蛋白（Acyl Carrier Protein，ACP）的主要成分，在保養品領域中可作為保濕劑、柔軟劑，能加強肌膚保水能力，維持肌膚的健康與光澤，修護已受損的角質。

維生素B12（Vitamin B12）

粉紅水公主

廣泛存在於動植物食品中，常與「鈷」結合而呈現紅色結晶狀粉末，討喜的粉紅色常用來妝點保養品成為天然的顏色劑，而維生素B12在人體中的含量會隨著年齡增長而逐漸減少，缺乏時可能會有肌膚乾燥、細紋、皺紋等現象產生。因此也被廣泛使用成為保濕劑，幫助維持肌膚健康狀態。

維生素C（Vitamin C）

美白+抗氧化雙管齊下

當壞血病普遍發生的時代，人們就懂得利用柑橘、檸檬、萊姆等含有大量維生素C的食物加以改善壞血病的症狀，因此發現維生素C是人體內不可或缺的營養成分，隨著科技進步，維生素C萃取的技術越來越純熟，相關的研究也越來越齊全。維生素C是公認的高效抗氧化能力的抗氧化劑，同時具有美白肌膚、刺激膠原蛋白增生、改善皮膚色素沉著的問題，不過它的穩定性低，因此保養品中所添加的維生素C大多為衍生物，其結構類似維生素C，於人體內會自然轉換成維生素C，因此可發揮與維生素C相當的功效。常見的維生素C衍生物有左旋維生素C、維生素C磷酸鈉、維生素磷酸鎂、維生素C醣甘、乙基維他命C、維生素C棕櫚酸酯、維生素C硬脂酸酯。

保濕　美白　抗痘
抗老　抗氧化　防腐劑

維生素E（Vitamin E）

預防脂質過氧化的抗氧化劑

維生素E又稱為生育酚或產妊酚，是一種脂溶性的維生素，存在於水果、蔬菜、堅果或油脂等食物中，在人體內具有抗氧化及預防脂質過氧化的功效。因為肌膚角質層中脂質的佔比高，當脂質受到壓力、高溫、紫外線等外在因素的刺激會產生氧化反應，進而使肌膚出現毛孔粗大、皺紋、鬆弛等老化現象。由於維生素E可有效防止脂質的過氧化，因此常被廣泛用於保養品中做為抗氧化劑。

小兵家族

前面提到了保濕家族、美白家族、抗氧化家族、維生素家族的重要成員，還有很多成分在肌膚保養中扮演了重要的角色，在這裡讓我們一起看看還有哪些小兵們，在肌膚保養上是功不可沒的大功臣。

表皮生長因子（Epidermal Growth Factor；EGF） 修護肌膚的大功臣

1962年美國生化學家柯恩 （Stanley Cohen）和義大利胚胎學家李維蒙塔希妮（Rita LeviMontalcini），發現EGF並獲得1986年諾貝爾生理獎與醫學獎。EGF是由人體分泌的一種生長因子，可促進皮膚細胞的增殖、分化及加速新陳代謝，具有修復和再生的能力，因此市面的保養品將EGF視為青春因子，針對老化的肌膚具有修復、撫紋及增加彈性和光澤等作用。另一種生長因子出現在國內外醫美新興技術，「PRP自體生長因子」，PRP是指富含血小板之血漿（platelet-rich plasma）又稱自體細胞回春術，是將自己的新鮮血液分離、純化，再將萃取出的高濃度血小板與血液幹細胞塗抹或注射入臉部。目前也有許多國外臨床治療提出，PRP自體生長因子中富含多種高濃度生長因子，能刺激皮膚膠原蛋白再生、修復皮膚組織，恢復肌膚的緊實。

保濕　美白　抗痘
抗老　抗氧化　防腐劑

胜肽（Peptide）

胜肽是由胺基酸所組成的蛋白質，兩個胺基酸連接在一起稱為二胜肽、三個胺基酸連接在一起為三胜肽，以此類推，不同的胺基酸連接在一起有不同的功效，有些具有促進纖維母細胞及膠原蛋白增生的功效；有些類似肉毒桿菌素的功效，能夠幫助肌膚對抗老化現象，以下介紹不同類型的胜肽。

1. 訊息類胜肽（Signal peptides)

這類型的胜肽具有促進膠原蛋白、彈力纖維與透明質酸增生，可提高肌膚含水量、撫平細紋。這類型的胜肽，例如五胜肽（胺基酸序列為KTTKS），但由於五胜肽較偏親水性，難以穿透至肌膚深層達到功效，研發人員在前面加上一個脂肪酸palmitoyl，並申請專利將其命名為Matrixyl，因此產品中常見的五胜肽多為該類型。

2. 攜帶類胜肽（Carrier peptides）

攜帶類胜肽能夠與銅元素結合，促進細胞吸收銅離子，幫助肌膚傷口的癒合以及許多酵素反應的運作，進而提升肌膚內膠原蛋白的形成，輔助肌膚抗老化的功效，三胜肽（胺基酸序列為GHK)即為該類型，是最早被發現的胜肽類型，20年代研究傷口癒合的團隊發現，其具有促進傷口癒合及增生功效，後續發現能夠促進肌膚纖維母細胞及膠原蛋白增生，因此被大量使用於化妝保養品做為抗老的活性成分。

3. 神經傳導介質抑制類胜肽（Neurotransmitter-inhibiting peptides）

可阻斷神經肌肉的傳遞，使肌肉達到放鬆因而減少動態紋和改善已形成的細紋，這類型的胜肽具有類似肉毒桿菌素的作用，常見的為六胜肽（胺基酸序列為EEMQRR），具有類似神經傳導抑制的功能，可使臉部的肌肉達到放鬆，能撫平神經緊張所導致的表情紋，減少臉部的細紋、抬頭紋或是魚尾紋。最大的優點在於其功能類似肉毒桿菌素，但沒有注射肉毒桿菌素可能產生的副作用。

果酸（Fruit Acid）

老廢角質的清道夫

果酸是在天然的情況下由水果、蔗糖及酸乳轉變而來的酸性物質，因大多數從水果中提煉，故俗稱果酸。例如由甘蔗萃取出的「甘醇酸」、由蘋果或葡萄萃取的「蘋果酸」。果酸的主要功能在於去除皮膚表層的老廢角質、加速皮膚的新陳代謝、淡化黑色素，及保持肌膚濕潤等功能。

果酸的種類眾多，一般分「傳統果酸」及「新型果酸」二大類：

1. 傳統果酸又分為AHA及BHA

- 第一代的AHA（Alpha hydroxyl Acid；又稱作α羥基酸、甲羥基酸）：例如常見的甘醇酸（Glycolic acid）、乳酸（Lactic acid）、檸檬酸（Citric acid）、蘋果酸（Malic acid）、酒石酸（Tartaric acid）及杏仁酸（Mandelic acid）被廣泛作用為淺層化學換膚劑。
- 第二代的AHA（Polyhydroxy acid；PHA多重羥基酸）:包括葡萄糖酸（Gluconic acid）等，是溫和的換膚劑，並有抗氧化及保濕效果，濃度使用規範為15%以下。
- 第三代AHA（為第二代AHA的衍生物）：乳糖酸（Lactobionic acid）及麥芽糖酸（Maltobionic acid），溫和度及保濕度較第二代果酸佳，主要作為保濕及抗老產品使用，濃度使用規範為15%以下。
- BHA（Beta hydroxyl acid；又稱作β羥基酸、乙羥基酸）：常用的是水楊酸（Salicylic acid），可以當作粉刺、發炎性青春痘及毛孔角化症的輔助治療成分，對於去除老舊角質及幫助角質代謝也稍有效果。

2. 新型果酸

因為AHA刺激性較強，將其結構上做了一些改變，因而衍生出新型果酸，以降低刺激性及提高肌膚耐受度。例如常見的複合果酸（Complex AHA）及酯化果酸(Ester AHA)等。

保濕 美白 抗痘
抗老 抗氧化 防腐劑

茶樹精油（Tea Tree Oil）

天然ㄟ抗菌防腐劑

茶樹在澳洲處處可見，因具有抗菌作用，能減少細菌引起的發炎反應，不會對人體造成傷害，是市面上常見的天然防腐劑。其實早在1770年，英國庫克船長到澳洲探險時，就將當地的茶樹樹葉帶回研究，後續科學家進一步探討後發現，茶樹精油是一種天然的抑菌劑，本身無毒、不刺激，在20世紀開始廣泛應用於傷口殺菌及口腔衛生方面，對改善皮膚症狀的效果佳，如痤瘡、面皰、香港腳等皆具治療效用。

苯甲酯酸（Parabens）

防腐劑是保養品的安全防守員

Paraben的英文名為「Para-hydroxybenzoic acid」；中文名為「對羥基苯甲酸」，目前常見的相關成分大多是它的酯類衍生物，因為Paraben抗菌性好、刺激性低及價格便宜，所以被廣為使用於保養品中作為防腐劑。但是目前許多化妝品公司為了避開網路上流傳苯甲酸酯類具爭議的話題，而大肆的訴求產品「不含Parabens的防腐劑」，其實防腐劑的使用劑量是一門相當大的學問，選擇合法及安全的用量，才是正確的保養品防腐觀念，可以參考衛生署公告對化妝品中防腐劑成分的使用基準。基準表中Paraben的總限量為1.0%，與日本規範的濃度相同。而歐盟單一使用Paraben的用量為< 0.4%，混合後的總限量為< 0.8%。

結

這是一本由三個不同世代的女孩女人開始的故事，有著不盡相同的生活習慣、家庭背景及性格，彼此的共通點是在生活中扮演著多重角色，乘載著不一樣的煩惱與心情，時時與身邊的姐妹們無話不談，聊著人生觀、價值觀、家庭、工作、感情、生理變化、心靈層面、老化問題及肌膚的變化，藉由分享彼此的心情故事及生活經驗，相互聆聽得到安慰，讓彼此了解對方也更了解自己。人與人之間許多的紛爭與遺憾，都因自身未曾經歷過，進而少了感受多了誤解，這些壓力及煩惱，讓老化甚至憂鬱更快速地找上自己，要先學會放鬆、愛身邊的人、更要愛自己，因為愛能淨化心靈，化解一切紛爭，心靈的美是具有療癒效果的，同時外表也會跟著美麗。

「Life is like riding a bicycle.
To keep your balance you must keep moving」

人生就像騎單車，想保持平衡就得往前走。
所以我不斷的體驗、嘗試、享受各種美麗！

生活多彩多姿、凡事熱血的「元氣妞」，讓我想起年輕時的自己，有時希望她能放慢腳步細細聆聽內心，慢慢消化吸收去感受生活，也許年輕人的新陳代謝就是特別快吧！至於還是「美勝女」的我，外表看似堅強，但敢做的事越來越少，內心的苦越來越多，不時懷念起當時勇敢無懼的自己，現階段最重要課題是學會放下，先學會愛自己，才夠資格去愛身邊的人。那「淡定媽」呢？一人身兼多重角色，凡事臨危不亂，總是能HOLD住全場的知性型全能女性。她，常常分享20、30、40不同年齡所經歷的不同人事物，對於那些歲月已在臉上、心理及體內留下的種種痕跡，她總是侃侃而談的說：「老化是上帝賜給我們成長的禮物之一」。

生命中每個階段皆為個人專屬的，我想對於「老化」這事兒，我做好了準備，不是對抗它，而是更加了解，更懂得心平氣和的應對。期許每個女孩女人，能藉由本書的問答集及經驗分享，獲得屬於自己的「自慢保養」術，美麗無上限，一起努力做個聰明又自信的時代新女性。

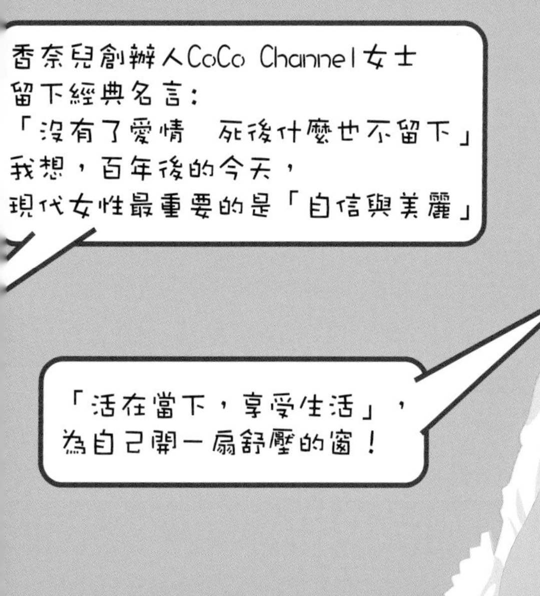

國家圖書館出版品預行編目資料

姐妹知心話：每個女人都該知道的77個保養心事 / 蔡翠敏, 吳純佩, 張慈珊著. -- 二版. -- 臺北市：書泉, 2014.01
面； 公分
ISBN 978-986-121-883-0(平裝)
1.美容 2.健康法
425　　102023320

3DE6

姐妹知心話

女人都該知道的77件保養心事

作　　者 — 蔡翠敏　吳純佩　張慈珊
發 行 人 — 楊榮川
總 編 輯 — 王翠華
主　　編 — 王正華
責任編輯 — 金明芬
封面設計 — 童安安
出 版 者 — 書泉出版社
地　　址：106台北市大安區和平東路二段339號4樓
電　　話：(02)2705-5066　傳　真：(02)2706-6100
網　　址：http://www.wunan.com.tw
電子郵件：shuchuan@shuchuan.com.tw
劃撥帳號：01303853
戶　　名：書泉出版社

總 經 銷：朝日文化事業有限公司
進退貨地址：新北市中和區橋安街15巷1號7樓
TEL：(02)2249-7714　FAX：(02)2249-8715
法律顧問 / 林勝安律師事務所　林勝安律師

出版日期 / 2012年8月初版一刷
　　　　　2014年1月二版一刷

定　　價 / 新臺幣300元

※版權所有．欲利用本書全部或部分內容，必須徵求本公司同意※